新编21世纪高等职业教育精品教材
通识课系列

通用职业素养指导与训练

（第三版）

主　编　张丽芳　焦莹莹　李发彬
副主编　李　雯　朱箐竹　宋安冉

中国人民大学出版社
·北京·

图书在版编目（CIP）数据

通用职业素养指导与训练 / 张丽芳，焦莹莹，李发彬主编. -- 3 版. -- 北京：中国人民大学出版社，2024.4

新编 21 世纪高等职业教育精品教材. 通识课系列

ISBN 978-7-300-32586-6

Ⅰ.①通… Ⅱ.①张… ②焦… ③李… Ⅲ.①职业道德－高等职业教育－教材 Ⅳ.① B822.9

中国国家版本馆 CIP 数据核字（2024）第 040005 号

新编 21 世纪高等职业教育精品教材 · 通识课系列

通用职业素养指导与训练（第三版）

主　编　张丽芳　焦莹莹　李发彬

副主编　李　雯　朱箐竹　宋安冉

Tongyong Zhiye Suyang Zhidao yu Xunlian

出版发行	中国人民大学出版社		
社　　址	北京中关村大街 31 号	**邮政编码**	100080
电　　话	010－62511242（总编室）		010－62511770（质管部）
	010－82501766（邮购部）		010－62514148（门市部）
	010－62515195（发行公司）		010－62515275（盗版举报）
网　　址	http://www.crup.com.cn		
经　　销	新华书店		
印　　刷	北京密兴印刷有限公司	**版　　次**	2015 年 9 月第 1 版
开　　本	787 mm × 1092 mm　1/16		2024 年 4 月第 3 版
印　　张	14	**印　　次**	2024 年 12 月第 2 次印刷
字　　数	297 000	**定　　价**	43.00 元

前言

Preface

党的二十大报告指出："育人的根本在于立德。全面贯彻党的教育方针，落实立德树人根本任务，培养德智体美劳全面发展的社会主义建设者和接班人。""统筹职业教育、高等教育、继续教育协同创新，推进职普融通、产教融合、科教融汇，优化职业教育类型定位。"高等职业院校要坚持育人为本、德育为先，高度重视学生的职业道德教育和法制教育，重视培养学生的诚信品质、敬业精神、责任意识、遵纪守法意识。因此，高等职业院校不仅要培养学生显性的高超技能，更要培养学生隐性的职业品质；不仅要为学生的求职负责，更要为学生未来的职业发展负责。

高等职业院校是承担高等职业教育的教育教学机构，培养什么样的人是高等职业院校首先要解决的问题。在多年的教育实践中，高等职业院校坚持以服务为宗旨、以就业为导向，高度重视对学生显性操作技能的培养。然而企业用人需求相关调查结果显示，企业对员工的责任心、敬业精神、忠诚度、团队协作力、沟通能力等方面的要求亦摆在十分重要的位置。

"素质冰山"理论认为，个体的素质就像水中漂浮的一座冰山，水上部分的知识、技能仅代表表层的特征，不能区分绩效优劣；水下部分的动机、特质、态度、责任心才是决定人的行为的关键因素。我们可以将大学生的职业素养看成一座冰山：冰山浮在水面以上的只有1/8，它代表大学生的形象、资质、知识、职业行为和职业技能等方面，是人们看得见的、显性的职业素养，这些可以通过各种学历证书、职业证书来证明，或者通过专业考试来验证。而冰山隐藏在水面以下的部分占整体的7/8，它代表大学生的职业意识、职业道德、职业作风和职业态度等方面，是隐性的职业素养。显性职业素养和隐性职业素养共同构成了大学生应具备的全部职业素养。由此可见，隐性职业素养决定、支撑着外在的显性职业素养，显性职业素养是隐性职业素养的外在表现。因此，大学生职业素养的培养应该着眼于整座“冰山”，并以培养显性职业素养为基础，重点培养隐性职业素养。

本教材在内容选取、编排方式上改变了传统的学科知识体系的编写方式，遵循学生的认知与行为养成规律，突出参与性、实践性与应用性，使学生在参与中学习、在实践中养成良好的通用职业素养。本教材根据职业素养的基本内涵，结合学习实际，选取职业意识、职业行为、职业成长三大模块作为教材内容。模块一“职业意识”包含责任意识、规范意识、质量意识、服务意识 4 个项目；模块二“职业行为”包含职业沟通、团队合作、现场管理、自我管理 4 个项目；模块三“职业成长”包含解决问题、职业探索与职业成长 2 个项目。每个项目设置了学习目标、重点难点、项目实训，每项任务设置了情景导入、知识精讲、活动体验、自我评估等板块，符合高职高专学生特点，有利于激发学生的学习兴趣。另外，本教材还增加了“培根铸魂”栏目。

为深入贯彻党的二十大精神，落实党中央、国务院关于教材建设的决策部署和新修订的《中华人民共和国职业教育法》，编者及时将新时期经济社会发展相关领域取得的典型成果与事迹更新至本教材。本教材由张丽芳担任第一主编，负责教材终审工作，并承担了项目八任务二的修订任务；焦莹莹教授担任第二主编，负责初稿统稿与审阅工作，并承担了项目五任务三的修订任务及各项目学习目标的修订工作；李发彬担任第三主编，负责教材数字教学资源的审阅工作。李雯担任第一副主编，负责模块一、模块三的审稿工作，并承担了项目八任务一、任务三的修订任务；朱箐竹担任第二副主编，负责模块二的审稿工作，并承担了项目三的修订任务；宋安冉担任第三副主编，负责数字教学资源的统筹规划以及模块一数字教学资源的制作。其余参编人员具体分工如下：项目一由孙胜男修订，项目二由尹贻山修订，项目四由王滋郴修订，项目五任务一、任务二、任务四由丁宁修订，项目六由陈宇飞修订，项目七由谭逸萍修订，项目九由吴娜修订，项目十由王晶修订，模块二的数字教学资源由李哲制作，模块三的数字教学资源由李月梅制作。

在此次修订过程中，编者按照可检测、可操作的原则对学习目标进行了修改，并更换了部分案例，优化了篇章布局，使内容更有针对性与实效性。由于编者水平有限，书中疏漏和不妥在所难免，恳请读者提出宝贵意见、建议。

编者

目 录

Contents

模块一

职业意识

项目一　责任意识

学习目标

知识目标：

- 准确陈述态度的概念，列举恰当案例说明态度的结构、特征、功能与作用；
- 结合社会现实阐述责任、责任意识的内涵与分类，分析态度与责任的关系；
- 全面分析事业与职业的关系。

能力目标：

- 能结合所学专业，查阅相关职业信息，确定职业方向；
- 能分析个人特点，明确个人学习、就业目标。

行为养成目标：

- 主动承担宿舍、班级、系部事务；
- 高质量完成学习任务，完成宿舍、班级及系部等组织分配的工作任务。

重点难点

- 掌握责任的内涵与分类；
- 理解态度与责任的关系，理解事业与职业的关系；
- 养成负责的态度与行为习惯。

任务一　态度决定高度

情景导入

李蕾和王晓是山东某高校同班同学。大学毕业后李蕾应聘到一家私企做秘书工作。一天，公司总经理给一位业务经理发了一封某企业的电子邀请函，连发几次都被退回。总经理问李蕾是怎么回事。李蕾没去调查原因，只是猜测地说："可能是邮箱满了。"一周过去了，业务经理仍然没有收到那封邀请函。总经理又问李蕾，李蕾还说可能是邮箱满了。公司因此失去了与该企业筹备已久的合作项目。总经理一气之下辞退了李蕾。

王晓应聘到一家外贸公司。她的求职意向是经理秘书，但公司却安排她做办公室文员，具体的任务就是负责收发传真、复印文件。她虽然有点犹豫，但最终还是抱着积极的态度投入工作中，因为她觉得这样的机会来之不易，自己应该试一试。王晓对待工作非常认真，对于同事们交代的事情她都能准确、及时地完成，从没有怨言。有一次，经理拿给王晓一份合同让其复印，经理说要急用叫她快点，细心的王晓习惯性地快速浏览了一遍合同。当经理有些不耐烦地催促她时，王晓指着一处刚发现的错误给经理看。经理看完之后，吓出了一身冷汗，原来是一个数字后面多了一个零。她的更正为公司避免了几百万元的损失，很快她就被提升为经理秘书。

思考与讨论：

（1）同样是秘书，李蕾被辞退，王晓被提升，是什么原因？

（2）如果你是刚工作的毕业生，遇到上述案例中出现的两种情况，你会怎么做？

知识精讲

一、态度的概念与结构

（一）态度的概念

态度是人们在自身道德观和价值观的基础上对事物的评价和行为倾向。态度由内在感受（道德观和价值观）、情感（即“喜欢—厌恶”“爱—恨”等）和意向（谋虑、企图等）三个要素构成。激发态度中的任何一个构成要素，都会引发另外两个要素的反应，这也就是内在感受、情感和意向这三个要素的协调一致性。

（二）态度的结构

1. 单维度态度模型

在这一模型中，评价是核心因素，是对态度客体的评价。评价有性质（积极评价和消极评价）和强度（由弱到强）之分。态度由关于态度客体属性的各种预期以及对态度客体属性的评价所决定。举例来说，个体对托儿教育的态度如表 1-1 所示。

表 1-1 个体对托儿教育的态度

	预期	评价
个体对托儿教育的态度 ⇨	1. 有利于后期发展教育	1. 积极评价
	2. 能促进社会关系的发展	2. 积极评价
	3. 使母亲有时间从事其他工作	3. 积极评价
	4. 其他成人会影响儿童道德发展	4. 消极评价

从表 1-1 所示的个体对托儿教育的态度可以看出，态度是对这种教育结果的预

期及其评价的产物。预期可能引发积极评价（见表 1-1 中的评价 1～3），也可能引发消极评价（见表 1-1 中的评价 4）。单维度态度模型的缺陷在于没有考虑各种预期的相对重要性。而且，这一模型假定在态度形成的过程中人们对预期和评价会认真思考，但有时人们在形成态度时只考虑一种重要的预期，甚至根本没有太多思考。

2. 双重态度模型

在这一模型中，人们对同一态度客体有两种不同的评价，即外显态度和内隐态度。外显态度是指人们能够意识到的，即通过自我反省就能表现出来的态度，而内隐态度则是人们对态度客体的自动反应。

双重态度模型共有五个基本假设：（1）对同一态度客体，外显态度和内隐态度可以在记忆中共存。（2）双重态度存在时，内隐态度是自动激活的，而外显态度则需要从记忆中提取更多的认知。（3）内隐态度决定人的内隐反应，甚至在人们从记忆中提取外显态度的时候也存在这种情况。（4）外显态度容易改变，而内隐态度不容易改变，因此，改变态度改变的常常是人的外显态度，而不是人的内隐态度。（5）双重态度模型与态度的矛盾状态以及认知成分、情感成分之间的不协调是不同的，即具有双重态度的人并不比其他人表现出更多的矛盾心理和认知情感方面的不协调。

3. 三维度态度模型

在这一模型中，其基本观点是：态度是按照一定方式对特定对象的预先反应倾向。这种预先反应倾向由三种成分构成：认知、情感和行为（见图 1-1）。态度是刺激与反应之间的中介变量。这里，刺激就是态度对象，是可测的独立变量（自变量），包括个人、事件、社会问题、社会群体、组织等；反应则包括生理的、心理的和行为的反应三个方面，是可测的依从变量（因变量）。

假如我们考察人们对于读书的态度，那么，这一态度的认知成分可以是以下一些说法（认知的语言表现）：读书有助于增长知识，读书能陶冶情操、丰富情感等。这一态度的情感成分可以是以下一些说法（情感的语言表现）：读书使我兴奋，读书很有乐趣等。这一态度的行为成分则可以是以下一些说法（行为的语言表现）：我每天都读书，我常常去书店，我常给别人讲书中的故事等。

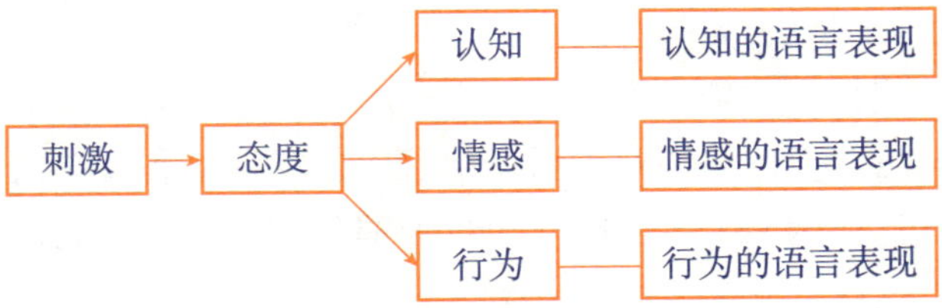

图 1-1　三维度态度模型

三维度态度模型的优点在于：（1）从态度产生的角度明确了三种变量：刺激变量、中介变量和反应变量，并阐明了三种变量的关系，既有助于人们理解态度的形成过程，又便于人们对态度进行控制研究。（2）把态度的反应变量分解为三种可测的成分，有助于人们对态度的测量。但是，三维度态度模型只考虑了自我信息加工的外显方式，而对自我信息的内隐方式没有涉及。而且这一模型假定态度的三种成分是一致的或协调的，但实际上，不一致的情况是普遍存在的。

在上述三种态度模型中，三维度态度模型得到了普遍认可，即态度由认知、情感和行为三种成分组成。

二、态度的特征、功能与作用

态度的特征包括社会性、针对性、协调性、稳定性、潜在性。

态度的功能包括适应功能、自我防御功能、价值表现功能、认识和理解功能。

态度的作用主要有：（1）态度影响社会判断；（2）态度影响耐力；（3）态度影响学习效果；（4）态度影响工作效率。

三、责任的内涵与分类

（一）责任的内涵

责任是一种职责和任务，是个体分内应做的事情，如社会责任、家庭责任。责任体现了一个人的心态、态度、原则、作风、风格、习惯、思想，展示了一个人的心志、格局和胸怀，蕴含着一个人的使命和追求。责任是一个人人生观、价值观和世界观的体现，是一个人对待人生和生命的态度。

（二）责任的分类

责任分为以下几类：

（1）法律责任是指源于法律规定或当事人间的契约，实施违法行为应承担的法律后果。大多数情况是在违反法律或契约之后，责任的内容才会具体显现。例如：违反刑法的规定，行为人须承担刑事责任；违反民事契约，当事人通常要负债务不履行的责任。

（2）道义责任，又称道德责任，是指人们对自己出于意志自由的行为的后果在道义上所承担的责任。道义责任是中华传统文化的重要组成部分，它要求人们在处理相互关系、采取有效行动之前，把对他人以至家庭和社会的责任放在首位，宁愿自己吃亏受苦，也不损害他人利益。

（3）虚拟责任是指在虚拟世界中，个人或组织对其行为和决策所承担的道德和法律责任。如电脑游戏或网络游戏中所产生的责任，玩家有特殊约定的除外。网络本身是真实的，人们在网络上发生的任何行为都是真实的，因此行为人须承担相应的责任。

（4）家庭责任是指每个人在家庭中应尽的义务和职责。人们应以仁爱慈善之心善待家庭中的所有成员，对长辈要孝敬、对伴侣要体贴、对兄弟姐妹要关照、对子女要疼爱，亲之必先爱之，要像爱护自己的生命一样爱护自己的亲人。

（5）理性责任是指在工作和生活中，人们习惯用责任心、责任感来评价或要求他人。作为一种新的责任范式，理性责任对于推动全社会责任认知、改变传统的责任心和责任感空洞的说教，具有很好的促进作用。

（6）社会责任是指一个组织对社会应负的责任，是组织承担的高于组织自身目标的社会义务。一个组织应以一种有利于社会的方式进行经营和管理。

四、责任意识的内涵与具体表现

责任意识是指社会成员清楚明了地知道什么是责任，并自觉、认真地履行社会职责和参加社会活动过程中的责任，把责任转化到行动中的心理特征。有责任意识，再危险的工作也能减少风险；没有责任意识，再安全的岗位也可能出现险情。责任意识强，再大的困难也可以克服；责任意识弱，很小的问题也可能酿成大祸。有责任意识的人，受人尊敬，招人喜爱，让人放心。

多问自己“我做得如何”，这就是责任意识的一种外在表现。当然，责任感不是与生俱来的，也不是喊喊口号就能实现的。只有在实践中不断培育和提升，在企业文化正确的引导下，员工才能建立起对工作负责任的态度，养成一种习惯，并逐渐成为一个人的生活态度。

五、态度与责任的关系

态度是责任的内在要求，责任是态度的外在体现。态度决定一切，认真负责就是一种工作态度的体现。企业是由每一个员工组成的，每一个人的责任感的高低在很大程度上能够决定一个企业的命运。“大河涨水，小河满；大河无水，小河干”。企业就是大河，员工就是小河。对企业负责，就是对自己负责。

活动体验

活动：案例分析

超市的招聘

一家超市要招一名收银员，几经筛选，最后只剩三位女士有幸参加复试。复试由老板亲自主持。第一位女士刚走进老板办公室，老板便给她一张百元钞票让她到楼下买一箱饮料。

这位女士心想，自己还未被正式录用，老板就颐指气使地命令她做事，因而感到相当不满，更认为老板故意伤害她的自尊心。因此，老板给她的钱，她连看都没看，便怒气冲冲地掉头离开。她一边走，一边还气呼呼地说道：“哼，他凭什么指使我，这份工作不要也罢！”

第二位女士一进来，也遇到相同的情况，只

（1）为什么第三位面试者成功了？

____

____

____

____

____

____

____

____

见她笑眯眯地接了钱，但是她也没有用它去买饮料，因为钞票是假的。由于失业许久，急需一份工作，她只好无奈地掏出自己的一百元真钞，为老板买了一箱饮料，还把找回来的钱，全交给了老板。不过，如此卖力的第二位面试者却没有被老板录用。因为老板录用了第三位面试者。

原来，第三位女士一接到钱时，就发现钱是假的。她微笑着把假钞还给老板，并请老板重新换一张。老板开心地接过假钞，并立即与她签订合约，放心地将收银工作交给她。

总结分享：

（1）为什么第三位面试者成功了？

（2）如果你是面试者，你会怎么做？

（2）如果你是面试者，你会怎么做？

自我评估

心理测试——测测你的人生态度

1. 如果半夜里听到有人敲门，你会认为那是坏消息，或是有麻烦发生了吗？（是：0分 否：1分）
2. 你是否随身带着安全别针或一条绳子，以防衣服或别的东西裂开？（是：0分 否：1分）
3. 你跟人打过赌吗？（是：0分 否：1分）
4. 你曾梦想过赢了彩票或继承一大笔遗产吗？（是：0分 否：1分）
5. 出门的时候，你经常带着一把伞吗？（是：0分 否：1分）
6. 你会把收入的大部分用来买保险吗？（是：0分 否：1分）
7. 度假时，你曾经没预订旅馆就出门了吗？（是：0分 否：1分）
8. 你觉得大部分的人都很诚实吗？（是：0分 否：1分）
9. 度假时，把家门钥匙托朋友或邻居保管，你会把贵重物品事先锁起来吗？（是：0分 否：1分）
10. 对于新的计划，你总是非常热衷吗？（是：0分 否：1分）
11. 当朋友表示一定偿还时，你会答应借钱给他吗？（是：0分 否：1分）
12. 大家计划去野餐或烤肉时，如果下雨，你仍会照原定计划准备吗？（是：0分 否：1分）
13. 在一般情况下，你信任别人吗？（是：0分 否：1分）
14. 如果有重要的约会，你会提早出门，以防塞车、抛锚或别的情况发生吗？（是：0分 否：1分）

15. 如果医生叫你做一次身体检查，你会怀疑自己可能有病吗？（是：0 分 否：1 分）
16. 每天早晨起床时，你会期待又是美好一天的开始吗？（是：0 分 否：1 分）
17. 收到意外寄来的包裹时，你会特别开心吗？（是：0 分 否：1 分）
18. 你会随心所欲地花钱，等花完以后再发愁吗？（是：0 分 否：1 分）
19. 上飞机前，你会买旅行保险吗？（是：0 分 否：1 分）
20. 你对未来的生活充满希望吗？（是：0 分 否：1 分）

结果分析：

得分为 0～7 的人：你是一个悲观主义者，总是看到事物的负面，对任何事物都持怀疑态度。悲观主义者从来不往好处想。悲观主义者内心充满了焦虑和担忧，随时会担心失败，因此很少尝试新的事物。当遇到困难时，悲观主义者经常感到孤独、无助。解决这一问题的唯一办法是以积极的态度来面对每一件事和每一个人，即使你偶尔会感到失望，但逐渐的你会信心大增。

得分为 8～14 的人：你对人生的态度比较正常。只要你学会以积极乐观的态度来应付人生中的起伏，就可以取得进步。

得分为 15～20 的人：你是一个乐观主义者。你看待事情时总是看到好的一面，将失望和困难摆到一旁；不过，过分乐观也会使你掉以轻心，容易误事。

任务二 把职业当成事业

情景导入

“如果有一天，我离开了这个世界，可以自豪地说‘我做了一辈子的护士’，我把心奉献给了这片土地，把所有的爱都留在了这里。”说这话的是江西省巾帼志愿服务示范站负责人章金媛。

章金媛是中华人民共和国的第一代护士，从江西省南昌市第一医院护理部主任岗位退休后，又投身于社区志愿者工作，为社区困难患者无偿提供专业护理服务。她把毕生精力都献给了护理事业。

章金媛说：“三分治疗七分护理。护理就是我一生的事业。选择做护士工作只是选择了一种职业，只有将工作当成事业，才会用爱去经营，用心去做好。”她始终把护士定位为医生的合作者，坚持在医疗卫生工作中发挥护理工作者的创造性。

章金媛总是用心钻研，发现新的护理规律。她发现，每天晨间护士在给病人换床单、被单的时候，病人会忍着病痛跑到门外。原来，他们是为了避开换被套时扬起的灰尘。于是，章金媛下班回家以后，就抱起被子反复折了套、套了折，研究出“节力铺床法”“内折叠铺床法”等方法。她最后得出结论：使用这些方法换床单、被单，扬起的灰尘比使用普通方法减少了 55%。

章金媛不仅自己做，还指导年轻人创新。她发现输液患者上卫生间很不方便，需要陪护高举着输液瓶，否则就会有血液回流的危险，有时陪护是异性，会非常尴尬。于是，章金媛指导护士们设计出“移动背负输液架”，解决了这一问题。她还指导年轻护士设计出“三位一体开瓶器法”等既省时间又便于安全操作的好方法。

在漫长的护理生涯中，章金媛几乎把所有业余时间都投入对护理工作的研究上。章金媛的30多项临床发明仍在临床沿用，她提出的巡回护理制等制度被写入护理专业的教科书。她累计撰写各类护理论文100多篇，在全国29个省、区、市讲学1 000多场……

“我宣誓，我志愿成为一名光荣的护理志愿者；我承诺，以南丁格尔为榜样，尽己所能，帮助他人，服务社会……”每个周六上午，在江西省南昌市东湖区杨家厂社区的志愿者服务站，章金媛和志愿者们一起朗诵誓言。随后，他们便会分头前往社区、医院看望病人。

2000年，71岁的章金媛组织16名退休护士，自发成立了巾帼志愿服务示范站，无偿为社区居民提供服务。2007年，章金媛倡议成立了“中国南丁格尔志愿护理服务总队”。她还促成在江西省成立了全国首个爱心（养老）护理职业学校，并一直去学校教授居家养老、保健康复等专业课程。学校为多所福利院培训了专业护工。2010年，章金媛组织成立了江西省南昌市南丁格尔志愿服务团，该志愿服务团成为全国第一个专业从事护理志愿服务的民间组织。

就像一台播种机，章金媛默默前行，播撒爱的种子。如今，种子已经生根发芽，汇成一曲激昂的文明之歌。

2012年1月，章金媛组织志愿者开展“关注留守儿童”行动，深入江西省安义县的塘口小学、莲花小学，为留守儿童助困、助学、助医。2013年春节，章金媛带领志愿者们在南昌火车站为旅客提供服务。四川雅安地震发生后，章金媛向南昌市慈善总会提出了奔赴灾区进行志愿服务的申请。此后，由她组织的4名志愿者小分队在灾区提供医护服务7天，服务灾区群众36人。

“我选择做人们称为天使的护士，脆弱的病人时刻在呼唤我，肩担使命有过酸甜苦辣。服务平凡，坎坷辛苦，但我无怨无悔。将爱心奉献，给予人力量，让苍天知道我不服输……”这是章金媛写的一首诗。

她给予了很多人健康和力量，也让他们通过志愿者活动感受到奉献带来的幸福。章金媛获得了“第39届南丁格尔奖”、2014年度“全国三八红旗手标兵”等荣誉称号。

“即使是面对垂危的病人，你也要告诉他幸福在哪里，希望在哪里，哪怕只是点滴的希望。”章金媛凭着这份执着的追求，成为病人心目中的天使。

如今，91岁的章金媛老人依旧很忙，日程安排得满满的。医院、社区、山区、学校……她的身影总是出现在医疗护理最前线。“我现在是‘90后’，正当壮年，身体还不错，还有很多人需要我的帮助。”谈起日后的工作计划，她斗志昂扬。

章金媛说，她给自己定的目标是“将志愿护理做到100岁”。做护士之初，章金媛就立志要像南丁格尔那样将爱无私地奉献给处在痛苦中的患者。时光荏苒，她对护理工作珍爱如初。

资料来源：央视网公益频道，2013-07-11.

思考与讨论：章金媛是如何把职业当成事业来做的？

知识精讲

一、职业的含义与特征

（一）职业的含义

职业是指人们所从事，赖以谋生的工作的性质、内容和方式。通过职业，人们参与社会分工，利用专门的知识和技能，为社会创造物质财富和精神财富，获取合理报酬，作为物质生活来源，并满足精神需求。

（二）职业的特征

职业具有以下几个方面的特征。

1. 社会性

职业是人类在劳动过程中的分工现象，它不仅体现了劳动力与劳动资料之间的结合关系，也体现了劳动者之间的关系。劳动产品的交换体现的是不同职业之间的劳动交换关系。这种劳动过程中结成的人与人的关系无疑是社会性的，他们之间的劳动交换反映的是不同职业之间的等价关系，这反映了职业活动及职业劳动成果的社会性。

2. 规范性

职业的规范性包含两层含义：一是指职业内部的操作规范性，二是指职业道德的规范性。不同职业的从业者在劳动过程中都有一定的操作规范性，这是保证职业活动的专业性要求。当不同职业在对外展现其服务时，还存在一个伦理范畴的规范性，即职业道德。这两种规范性构成了职业规范的内涵与外延。

3. 功利性

职业的功利性，又称职业的经济性，是指人们参与社会分工，利用专门的知识和技能，为社会创造物质财富和精神财富，获取合理报酬作为物质生活来源，并满足精神需求的工作过程中所具有的逐利性一面。职业活动既满足不同职业从业者自己的需要，也满足社会的需要。只有把职业的个人功利性与社会功利性相结合，职业活动及其职业生涯才具有生命力和意义。

4. 技术性

职业的技术性是指不同的职业具有不同的技术要求，每一种职业往往都表现出相应的技术要求。

5. 时代性

职业的时代性是指由于科学技术的变化，人们生活方式、习惯等因素的变化导致职业被打上某个时代的“烙印”。

二、事业的内涵

事业是人们所从事的，具有一定目标、规模和系统的对社会发展有影响的经常活动。《周易·系辞上》有云：“举而错之天下之民谓之事业。”简单地说，就是做了自己喜欢的事情，同时又帮助了他人，这个就是事业。

三、事业与职业的关系

（1）职业解决的是最基本的生存需要，而事业则关注于精神层面。

（2）事业是终生的，而职业是阶段性的。

（3）职业往往是对工作伦理规范的认同，仅是作为一个人谋生的手段而已。事业则是自觉的，是由奋斗目标和进取心促成的，是愿意为之付出毕生精力的一种“职业”。

活动体验

活动：案例分析

县城里的“工业小巨人”

2006 年，一家新的工厂在宾阳悄然招工。这家企业叫岑科，专门生产电感器。有人问岑科的创始人之一柯珊：“去哪里建厂不好，干吗非要跑到宾阳这个小县城？”

选择宾阳，纯属偶然。柯珊夫妇最早在深圳做贸易，在华强北卖电子元器件。2003 年遇到了“非典”疫情，深圳电子市场的元器件经常断货，其中最缺的就是电感器。于是，柯珊夫妇决定自己建厂生产。

他们先去了鹰潭建厂。鹰潭离深圳不远，交通便利。但正是因为交通便利，又有著名的旅游景点龙虎山，所以当地人不愁找不到工作，没人愿意进工厂。岑科的一位厂长叫马秀清，她是广西宾阳人。有一次，马秀清回老家，忽然灵机一动，在这里办厂不好吗？宾阳是广西人口第二大县城，当时工资水平低，最重要的是当地民风淳

（1）为什么县城里能出现“工业小巨人”呢？

朴，民众肯吃苦。

最早，岑科在宾阳的工厂不过是农村里几间废弃的老屋。现在，他们已经建成了一个面积达105亩的现代化厂区。经过20年的努力，岑科已经成为行业里的小巨人。新冠疫情暴发之后，岑科逆势上扬，由于全球物流受阻，许多原先从海外进口电子元件的大型企业转而在国内采购。岑科的产品以品质稳定、交付可靠、价格公道赢得了客户的青睐，销售额连年翻番。

岑科的产品展示厅极其朴素。像这样的企业，和普通消费者的距离很远。普通消费者知道华为手机、比亚迪汽车、格力电器，但他们不会察觉这些炫酷的产品用到的电感器。电气相关专业的工科学生对电感器不陌生：这是一种“通直流，阻交流”的元件。电流汹涌，就默默积蓄；时机成熟，则为全局赋能。因为这种特性，电感器常用来“维稳”，将波澜起伏的振荡都化解，留下一颗宠辱不惊的心。

在陈旧的观念里，小县城里的工厂是破破烂烂的。岑科的生产自动化程度超出常人的认知。岑科的生产设备和欧洲国家及日本的企业相比毫不逊色，甚至还有自己的创新。例如，以往企业的流水线排成一行，占地面积大，而且运营效率不高。而岑科的生产设备是像中央厨房一样的一体机，占地面积较小，相较原先的流水线，坪效提升了近5倍；充分利用了头顶上及台面下的空间，看起来只是个小改动，但效果大不一样。

这台垂直旋转一体机的思路是厂里一个号称“鬼才”的工程师琢磨出来的。这位“鬼才”特别擅长想出天马行空的点子。在工厂里创新，不是有点子就行，而是要不断地调试和改造。为了制作这套一体机，整个团队奋战了将近两年。

岑科80%以上的硬件工程师都是工厂培养出来的，这个班子或许有点“土”，但土得纯粹，土得团结，土得自成体系，土得另辟蹊径。

总结分享：

（1）为什么县城里能出现“工业小巨人”呢？

（2）请结合岑科和“鬼才”，谈谈你对职

（2）请结合岑科和“鬼才”，谈谈你对职业和事业的理解。

（3）请就“职业和事业的起点”这一话题进行个人思考和小组讨论，谈谈启发。

业和事业的理解。

（3）请就“职业和事业的起点”这一话题进行个人思考和小组讨论，谈谈启发。

自我评估

测试你的敬业度

本测试旨在评测你的敬业度。本测试由一系列陈述句组成，请仔细阅读，按要求选择最符合你的情况的答案。

以下每题有三个选项：A. 完全符合，B. 基本符合，C. 不符合。

1. 不拿公共财物；
2. 在规定的休息时间后，及时返回学习或工作场所；
3. 看到别人有违反学校或公司规定的举动，及时纠正；
4. 能够保守秘密；
5. 从不迟到、早退；
6. 不做有损学校或公司名誉的任何事情；
7. 不管能否得到相应奖励，都能积极提出有利于集体的意见；
8. 关心自己、同学或同事的身心健康；
9. 愿意承担更大的责任，接受更繁重的任务；
10. 向外界积极宣扬自己所在的集体；
11. 把集体的目标放在第一位；
12. 乐于在正常的学习、工作时间之外自动自发地加班加点；
13. 在业余时间学习与工作有关的技能，提升职业素养；
14. 在学习时间不做有碍学习的事情；
15. 为保证工作或学习绩效，善于劳逸结合，调节身心；
16. 积极寻找途径获得外界对自己所在集体的支持；
17. 对集体的使命有清晰的认识，认同集体的价值观；
18. 能享受学习和工作中的乐趣；
19. 老师或领导布置的任务，即使有困难，也会想方设法完成而不是敷衍了事；
20. 积极参加集体组织的各项活动。

说明：

A 选项为 5 分，B 选项为 3 分，C 选项为 1 分。

40 分以下，敬业度较低；

40 ～ 59 分，敬业度一般；

60 ～ 79 分，敬业度上等；

80 分及以上，敬业度优异。

项目实训

实训主题：寻找身边需要帮助的人。

实训形式：延续课上的分组情况，以团队的形式，用发现的眼光寻找身边需要帮助的人，既可以是某个目标个体，也可以是某个目标群体。

实训要求：

1. 撰写帮扶可行性报告，制订帮扶计划。

2. 帮扶可行性报告与帮扶计划的内容要求：

（1）对目标个人或群体进行调研分析；

（2）对目标个人或群体帮扶的必要性进行描述；

（3）制定帮扶计划的实施纲要；

（4）成员分工。

3. 过程记录：对任务完成过程全程拍摄。

项目考核评价建议：

1. 过程考核：主要考核团队分工、合作、成员参与程度、态度、方法，占任务考核的 50%。

2. 结果考核：考核可行性报告、帮扶计划的格式、内容及可操作性，占任务考核的 50%。

培根铸魂

敬事而信，敬业乐群。一个把事业看得比生命还重的人，一定会收获更有价值的人生，必将作出非比寻常的贡献。

“以黄大年同志为榜样”“学习他教书育人、敢为人先的敬业精神”，习近平总书记对黄大年同志先进事迹的重要指示，为我们在新形势下弘扬敬业精神、共筑伟大梦想注入了强大思想和行动力量。

想国家之所想、急国家之所急，黄大年同志以澎湃生命搏击、以开拓创新追梦，为我国教育科研事业作出了突出贡献。他的感人事迹犹如一把熊熊燃烧的精神火炬，点亮奋斗者心中的梦想，指引追梦人风雨兼程的脚步。

“业精于勤，荒于嬉；行成于思，毁于随。”在科研教学中，黄大年不知疲倦地求索，充满激情地登攀。有人说他是个“疯子”，他却以“中国要由大国变成强国，需要有一批‘科研疯子’”作答；有人劝他注意身体，他却始终惜时不惜命，甘做刻苦钻研的“拼命黄郎”；他不爱钱财爱人才，为了让学生们搞好学习研究，他自费给班上24名同学每人买了一台笔记本电脑……工作是他的挚爱，学生是他的牵挂。在年复一年攻坚克难的繁重工作中，黄大年把岗位看作体现人生价值的哨位，把事业当成报效国家的战场，无惧困难、无畏拼搏、无私奉献，取得多项创新突破，获得比肩世界一流水准的科研成果。在黄大年身上，人们看到坚如磐石的信念、“主一无适”的执着，无不被他那种兢兢业业、勤勤恳恳的敬业精神所深深打动。

成功没有捷径，人生需要努力。黄大年取得的成就背后，是几十年如一日的潜心钻研和不懈奋斗。也许我们的岗位很普通，所做的工作很平常，但正如人生舞台上“没有小角色，只有小演员”，平凡的岗位也可以干出不平凡的业绩。实现中国梦这个宏伟目标，需要汇聚来自各行各业、各种岗位无数普通人的智慧和力量。人间万事出艰辛。像黄大年那样，既胸怀远大理想，又脚踏实地辛勤耕耘，从自己做起，把本职做好，人生的道路才能越走越宽，美好的梦想才能变为现实。

个体不仅要有恪尽职守的责任心，更要有勇于开拓的进取心。已经功成名就的黄大年回国之后，不是养尊处优“吃老本”，而是争分夺秒地踏上了科研创新的新征程。他深知，中国只有牢牢抓住创新这个“弯道超车”的关键期，才能赢得发展先机。因此，他以一股“疯魔劲”全身心地投入事业，夜以继日地忘我工作。他谋赶超、求突破，搞交叉、促融合，8年间取得累累硕果，向祖国和人民交出敢为人先、勇攀高峰的优异答卷。敬业方可成事，创新才能兴业。在百舸争流、千帆竞渡的当今时代，惟创新者进，惟创新者强，惟创新者胜。只要我们勇于创新，善于开拓，奋发有为，不懈进取，就能在岗位上建功立业，为实现国家富强、民族振兴、人民幸福贡献自己的一份力量。

海阔心无界，山高人为峰。“把自己的梦想融入人民实现中国梦的壮阔奋斗之中，把自己的名字写在中华民族伟大复兴的光辉史册之上。”历史和人民不会忘记黄大年这样的奋斗者，那种为了梦想顽强拼搏、为了事业竭尽全力的敬业精神，将激励我们向着实现中国梦的伟大目标接力前行、奋勇前进。

资料来源：新华社评论员．爱岗敬业　开拓进取——学习贯彻习近平总书记对黄大年同志先进事迹重要指示之三．新华网，2017-05-27.

项目二　规范意识

学习目标

知识目标：

◆ 解释并说明规矩、规范、行为规范、企业行为规范的内涵与作用。

能力目标：

◆ 能形成规范，增强安全意识，自觉遵守规范。

行为养成目标：

◆ 自觉遵守学校和班级的规章制度、行为规范、实习实训操作规程与安全规范；

◆ 形成按规范做事的行为习惯，确保职业安全。

重点难点

◆ 掌握规矩的内涵和作用，掌握规范的含义；

◆ 理解行为规范的含义，理解企业行为规范的含义与特征；

◆ 形成规范意识并养成规范做事的行为习惯。

任务一　有规矩，成方圆

情景导入

王强又一次到一家经销商维修车辆，这是他第二次因为同样的问题修车了。取车时，负责接待的店员告诉他修理费达千元。王强想，只要车确实修好了，便也认了。

于是，王强说道："好吧，不过我要先试车，看看是否真的修好了。"

店员说："可以，不过，您要先付修理费，才能把车开走。"

对这家经销商来说，王强可是位大客户，他每隔几年就会从这里购买一辆新车。此外，王强就职的集团经王强介绍也从这家经销商购买了车，该经销商为此专门指派了一名销售人员负责跟踪服务。

当听到店员让他先付费后取车时，王强觉得难以置信。

“等一等，”他说道，“你是说，我不先付费，就不能把车开走？”

“十分抱歉，先生。可是，我不能坏了公司的规矩！”店员说道，“这是公司的规定，我也毫无办法。”

店员并非有意刁难，但这种做法的确让人不快。于是，王强怒气冲冲地离开了。回到公司后，他给经销商打电话，说道：“你难道认为我不会付这一笔修理费吗？简直可笑！”经销商接待人员弄清事情的缘由后，马上向他道歉，保证一定会尽快妥善处理这件事，并表示要支付王强取车未成的路费。之后，经销商派人将车交予王强。

然而，出人意料的是，这个经销商从此再也没有与王强达成交易。经销商工作人员断言：“王强要不了多长时间就得卷铺盖回家，他已经变成一个没有规矩的人了！”果然，没过多久，王强因为回扣问题东窗事发，被公司辞退。

思考与讨论：

（1）王强为什么会被公司辞退？

（2）假如你是负责接待的店员，面对这件事情时你会怎么做？

（3）假如你是经销商，你会怎么做？

知识精讲

一、何谓规矩

规矩一词出自《孟子·离娄上》：“离娄之明，公输子之巧，不以规矩，不能成方圆。”不用规和矩，就画不好圆形和方形。只有每个人都遵守规则，才能有良好的秩序。例如，海尔集团坚持不让一件不合格品出厂，严把质量关，提升了消费者的信任度，促进了企业的可持续发展。

二、规矩的内涵和作用

（一）规矩的内涵

规矩的内涵包括：

（1）工具。规和矩分别是校正圆形和方形的工具。

（2）礼法、法度。《史记·礼书第一》：“人道经纬万端，规矩无所不贯，诱进以仁义，束缚以刑罚……”三国时期魏国诗人阮籍《大人先生传》：“动静有节，趋步商羽，进退周旋，咸有规矩。”

（3）一定的标准、成规。《韩非子·解老》：“而万物莫不有规矩，议言之士，计会规矩也。”《大唐西域记·迦毕试国》：“货用金钱、银钱及小铜钱，规矩模样，异于诸国。”

拓展阅读：
没有规矩，不成方圆

（4）老老实实、恪守本分。老舍《老字号》："钱掌柜，那样正直，那样规矩，把买卖作赔了。"

（二）规矩的作用

规矩的作用包括：（1）约束作用；（2）规范作用；（3）指引作用；（4）评价作用。

活动体验

为什么用圆规、尺子的学生画的圆形和方形比较规范；没有使用圆规、尺子的学生画的圆形和方形既不方又不圆？

活动：绘制圆形和方形

请学生拿出笔来，在白纸上自由地画圆形和方形，数量自定。另外，再请 2 名学生到黑板上画圆形和方形。（教师不做任何提示和要求）

学生在白纸和黑板上画完后，他们前后左右地（分组）进行比较与评价，看谁画得最好，并分析原因。

总结分享：

为什么用圆规、尺子的学生画的圆形和方形比较规范；没有使用圆规、尺子的学生画的圆形和方形既不方又不圆？

自我评估

某国有企业电工值班长岗位安全操作规程见表 2-1。

表 2-1　某国有企业电工值班长岗位安全操作规程

流程		风险分析	安全要点	严禁事项	防护用品	应急措施
作业前准备	1. 参与班前会，分析作业风险，做好作业现场安全防护措施； 2. 指导检修作业人员正确穿戴防护用品； 3. 负责员工安全培训； 4. 做好交接班记录； 5. 做好检修作业票的办理	1. 机械伤害； 2. 触电伤害； 3. 噪声伤害	1. 了解设备安全运行参数及安全性能； 2. 正确穿戴防护用品	1. 严禁酒后上岗； 2. 严禁未进行安全交底； 3. 严禁未执行停送电制度	劳保鞋、防护手套、安全帽、工作服、护目镜、耳塞、安全带等	1. 受伤员工应大声呼救或用携带的通信工具呼救。 2. 救治： 2.1 机械伤害：发现设备或人身伤害事故应直接急停设备，采取急救措施。 2.2 触电伤害：立即切断电源，对伤者进行急救。 2.3 灼烫：人员如果烫伤后，立即使用大量的凉水冲伤处，防止伤害程度加深。 2.4 物体打击：遇有创伤性出血的伤员，应迅速包扎止血，严重者应迅速送医。 2.5 高处坠落：去除伤员身上的用具和口袋中的硬物，在搬运和转送过程中，颈部和躯干不能前屈或扭转，应使脊柱伸直，绝对禁止一个抬肩、一个抬腿的搬法，以免发生或加重截瘫。 2.6 粉尘伤害：正确佩戴防尘劳保用品。 2.7 噪声伤害：正确佩戴护耳器。 2.8 中暑：脱离高温环境，迅速将中暑者转移至阴凉通风处休息；使其平卧，头部抬高，松解衣扣；及时采取如补充液体、人工散热等急救措施。 2.9 火灾：①发生火灾时要迅速判断火势的来源，使用附近的灭火器灭火；②火势难以控制时，朝与火势趋向相反的方向逃生；③万一身上着火，千万不要乱跑，应该就地打滚以扑压身上的火苗；如同伴身上着火，可用衣物等覆盖灭火，或用水灭火；④火情难以控制时拨打119 报警。 2.10 其他伤害（滑跌、扭伤、摔伤、碰伤等）：视具体伤害类型采取应急措施，遇有创伤性出血的伤员，应迅速包扎止血。 3. 伤情严重时及时拨打 120，同时汇报车间领导。 4. 派专人到主要路口迎接救护车。
作业过程	1. 组织对本部门电气设备系统检查； 2. 对本部门所有电气设备进行定期巡检； 3. 负责对本部门电气设备、安全防护设施的整改； 4. 组织排查、整改电气设备安全隐患； 5. 做好班中人员安全管理； 6. 做好本班档案管理	1. 机械伤害； 2. 触电伤害； 3. 粉尘伤害； 4. 噪声伤害； 5. 中暑； 6. 物体打击； 7. 灼烫； 8. 高处坠落； 9. 火灾； 10. 其他伤害（滑跌、扭伤、摔伤、碰伤等）	1. 严格按照电工操作规程执行； 2. 严格执行特种作业人员持证上岗； 3. 隐患检查有整改、有记录； 4. 检修作业前熟悉检修方案，监督落实安全防护措施，并对作业人员进行安全交底、指导、监督及监护； 5. 危险作业办理相应《作业许可工作票》； 6. 对现场未完成的工作和系统安全进行交接； 7. 检修验收试车符合安全性能	1. 严禁“三违”； 2. 严禁带电作业； 3. 严禁特种作业无证操作、未执行监护； 4. 严禁设备检查后无落实、无整改； 5. 严禁无检修档案		
作业收尾	1. 清理作业现场； 2. 清点检修工具； 3. 恢复安全防护装置及设施； 4. 办理消票送电手续； 5. 填写检修档案并存档	1. 机械伤害； 2. 触电伤害； 3. 粉尘伤害； 4. 噪声伤害； 5. 中暑； 6. 物体打击； 7. 高处坠落； 8. 火灾	1. 清理现场，做到“工完场清”； 2. 工器具摆放整齐； 3. 交清本班次作业情况、遗留问题，交接签字； 4. 及时恢复安全防护装置及设施，保证完好有效	1. 严禁作业后现场遗留工具、火种等； 2. 严禁完工后未恢复安全防护装置及设施； 3. 严禁工器具乱摆乱放、现场不清理； 4. 严禁未完工、未交接清楚		

请对照该岗位安全操作流程进行情景模拟，评估自己在真实岗位中的安全保护意识和能力。

任务二 规范就是我的范儿

情景导入

海尔集团（以下简称海尔）于1984年在青岛创立，是全球领先的美好生活和数字化转型解决方案服务商。

在持续创业创新的过程中，海尔坚持"人的价值最大化"的发展主线，始终以用户体验为中心，踏准时代的节拍，历经名牌战略、多元化战略、国际化战略、全球化品牌战略、网络化战略和生态品牌战略六个战略发展阶段，从一家资不抵债、濒临倒闭的集体小厂发展成为引领物联网时代的生态型企业。

海尔连续15年稳居欧睿国际全球大型家用电器品牌零售量排行榜第一名，连续5年作为全球唯一物联网生态品牌登上凯度BrandZ最具价值全球品牌百强榜，连续20年入选世界品牌实验室"世界品牌500强"，旗下共有8大品牌入选世界品牌实验室"中国品牌500强"，子公司海尔智家连续多年入选《财富》世界500强、《财富》全球最受赞赏公司。

下面就以绿色工作认证和质量价值券为例介绍OEC管理模式在海尔质量工作中的应用。

1. 绿色工作认证：让自己的名字保持绿色标志

总装车间有一块新颖、醒目的牌子，牌子上写着班组每个员工的名字，名字底下贴着绿色或黄色的圆圈。这是生产车间实行的"绿色工作认证"。

员工名字下若是绿色圆圈，说明该员工处于正常状态；若是黄色圆圈，则说明该员工工作有偏差，要尽快纠偏。如果员工名字下出现了红色圆圈，说明该员工工作质量离标准差距很大，可能会面临整顿、降薪、下岗。

自实行绿色工作认证以来，绝大部分牌子都为绿色，偶然出现一两个黄色，还没有一个员工的名字下出现红色。

2. 质量价值券：每人每天的工作质量都有证可查、有价值可计

海尔生产线上的每个员工的工资是以质量价值券和3E卡（Everyone、Everyday、Everything）为计算依据的。在车间，质检员检查完一台冰箱后，会在一个本子上做记录，然后将本子递给上一道工序的工人。

每个班组人手都有一本《质量价值券手册》。海尔将以往生产过程中出现过的所有问题都整理汇编成册。针对每一个缺陷，该手册明确规定了自、互、专检三个环节应负的责任。

质检员经检查发现缺陷后，会撕下质量价值券，由责任人签收，每个缺陷扣多少分，《质量价值券手册》会有明确规定。对操作工互检发现的缺陷，经质检员确认后，会对该操作工进行奖励，同时对漏检操作工和质检员进行罚款。

质量价值券分红券和黄券，红券用于奖励，而黄券用于处罚。在生产过程中采用质量价值券方法，使海尔建立起严格的质量监督机制，每个工人都把下道工序当作用户，质量指标日益提高。

海尔车间内设有车间日清栏，每天的质量、劳动纪律、工艺、文明生产、设备物耗的情况在栏内一览无遗、一清二楚，质量状况在日清单上每两小时公布一次。每个重点工序都设有质量控制台，每个质量控制点都设有质量跟踪单。海尔对产品从第一道工序到出厂建立了详细档案。例如，用户使用海尔冰箱出现了问题，哪怕是一个门封条，也可以凭借档案找到责任人和原因。

质量是企业的生命，质量决定了经济发展效益。市场竞争的实质是产品和服务质量的竞争。质量决定着企业的兴衰成败。为此，企业的工作重点应聚焦于改进产品和服务质量，不断满足用户需求，从而在竞争中取胜。

思考与讨论：海尔是如何提高产品和服务质量的？

知识精讲

一、规范的含义

规范是指约定俗成或明文规定的标准。规范具有明晰性和合理性，具有以下几层含义：（1）模范、典范；（2）规模、规格；（3）合乎标准。

二、行为规范的含义

行为规范是社会群体或个人在参与社会活动中所应遵循的规则、准则的总称，是社会认可和人们普遍接受的具有一般约束力的行为标准。行为规范包括行为规则、道德规范、行政规章、法律规定、团体章程等。

行为规范是在现实生活中根据人们的需求、好恶、价值判断而逐步形成和确立的。行为规范由于是建立在维护社会秩序理念的基础之上的，因此对全体成员具有引导、规范和约束的作用。引导和规范全体成员可以做什么、不可以做什么和怎样做，是和谐社会的重要组成部分，是社会价值观的具体体现和延伸。

拓展阅读：
良好的行为规范对人的影响巨大

三、企业行为规范的含义

企业行为规范是指由目标体系和价值观念所决定的企业经营行为和由此产生的员工所特有的工作态度和行为方式，是企业文化的重要构成要素。它不仅表现为规章、制度、准则等成文的规定，而且更多地表现为传统、习惯、禁忌等不成文的行为规范。它具有政治、法律所不具有的积极示范效应和强烈的感应力、约束力，并体现了企业的价值观。对企业行为规范的评价可从规章制度、职业道德、员工纪律、工作态度、工作作风、敬业精神、集体协作精神、领导方式、经营方式等方面予以综合考虑。企业行为规范的特征为：动态性、层次性、主体性、稳定性、统一性。

活动体验

格力创造了卓越的民族品牌效应和经济社会效益，它的核心竞争力主要体现在哪些方面？

活动：案例分析

格力完美质量管理模式

珠海格力电器股份有限公司（以下简称格力）成立于1991年，总部位于珠海，现已发展成为多元化、科技型的全球工业制造集团。公司在国内外建有77个生产基地，覆盖从上游生产到下游回收全产业链，实现了绿色、循环、可持续发展。

提到格力，“好空调、格力造”“格力—掌握核心科技”“让天空更蓝、大地更绿”“让世界爱上中国造”等耳熟能详的宣传语早已深入人心。格力以振兴中国制造为使命，以完美质量为终极目标，通过顾客需求引领，独创“质量技术创新循环D-CTFP”和“质量预防五步法”，解决了制约企业质量水平持续提升的关键问题，获得了持续的质量突破，企业总体质量水平获得了大幅提升。

总结分享：

格力创造了卓越的民族品牌效应和经济社会效益，它的核心竞争力主要体现在哪些方面？

自我评估

学生日常行为规范评价见表 2-2。

表 2-2 学生日常行为规范评价表

评价项目		自己评价	同伴评价	家长评价
文明	1. 尊敬师长，同学间友好相处，说话文明	●●●	●●●	
	2. 主动向老师、长辈问好，与同学打招呼	●●●	●●●	●●●
	3. 靠右行走，公共场所不打闹	●●●	●●●	●●●
礼仪	1. 升旗仪式要准时，升降国旗要肃立	●●●	●●●	
	2. 把垃圾丢进垃圾桶里	●●●	●●●	●●●
	3. 未经同意，不随意拿他人物品	●●●	●●●	●●●
学习习惯	1. 课前做好准备，不迟到	●●●	●●●	
	2. 上课时集中注意力，积极主动	●●●	●●●	
	3. 读书、写字、站立姿势正确	●●●	●●●	●●●
	4. 按时完成作业	●●●	●●●	●●●
	5. 每天阅读有益书籍 20 分钟以上	●●●	●●●	●●●
生活习惯	1. 按时起床，晚上 11 点前睡觉	●●●	●●●	●●●
	2. 自觉整理内务，积极主动	●●●	●●●	●●●
	3. 勤洗澡、洗手，不带早饭进教学楼	●●●	●●●	●●●
	4. 保持个人卫生	●●●	●●●	●●●
	5. 就餐时安静，不挑食	●●●	●●●	●●●
	6. 坚持每天锻炼身体	●●●	●●●	●●●
备注：在●上打√，你认为自己表现一般的打一个√，表现好的打二个√，表现很好的打三个√。				

项目实训

实训主题：《高等学校学生行为准则》朗读分享会。

高等学校学生行为准则

一、志存高远，坚定信念

努力学习马克思列宁主义、毛泽东思想、邓小平理论和“三个代表”重要思想，面向世界，了解国情，确立在中国共产党领导下走社会主义道路、实现中华民族伟大复兴的共同理想和坚定信念，努力成为有理想、有道德、有文化、有纪律的社会主义新人。

二、热爱祖国，服务人民

弘扬民族精神，维护国家利益和民族团结。不参与违反四项基本原则、影响国家统一和社会稳定的活动。培养同人民群众的深厚感情，正确处理国家、集体和个人三者利益关系，增强社会责任感，甘愿为祖国为人民奉献。

三、勤奋学习，自强不息

追求真理，崇尚科学；刻苦钻研，严谨求实；积极实践，勇于创新；珍惜时间，学业有成。

四、遵纪守法，弘扬正气

遵守宪法、法律法规，遵守校纪校规；正确行使权利，依法履行义务；敬廉崇洁，公道正派；敢于并善于同各种违法违纪行为作斗争。

五、诚实守信，严于律己

履约践诺，知行统一；遵从学术规范，恪守学术道德，不作弊，不剽窃；自尊自爱，自省自律；文明使用互联网；自觉抵制黄、赌、毒等不良诱惑。

六、明礼修身，团结友爱

弘扬传统美德，遵守社会公德，男女交往文明；关心集体，爱护公物，热心公益；尊敬师长，友爱同学，团结合作；仪表整洁，待人礼貌；豁达宽容，积极向上。

七、勤俭节约，艰苦奋斗

热爱劳动，珍惜他人和社会劳动成果；生活俭朴，杜绝浪费；不追求超越自身和家庭实际的物质享受。

八、强健体魄，热爱生活

积极参加文体活动，提高身体素质，保持心理健康；磨砺意志，不怕挫折，提高适应能力；增强安全意识，防止意外事故；关爱自然，爱护环境，珍惜资源。

实训要求：在校大学生除了自觉遵守以上行为准则外，在日常学习生活中，还要养成哪些文明习惯？请分组讨论，并至少列出5条。

（1）________________

（2）________________

（3）________________

（4）________________

（5）________________

培根铸魂

王进是电网系统特高压检修工，他成功完成世界首次±660kV直流输电线路带电作业，参与执行抗冰抢险、奥运保电等重大任务，带电检修300余次实现“零失误”，为企业和社会创造了巨大经济价值。

在百米高空守护光明

2020年，王进从事带电作业已20个年头。多年来，他干一行爱一行，在危险艰辛中积累经验，在孜孜以求中涵养本领，从一名只有中专学历的普通工人成长为行业专家。

王进第一次参加带电作业培训是在2001年。当时，他看到有人在铁塔上爬到一半就吓哭了，心中无比忐忑。顺着铁塔往上爬，听着嗡嗡的电晕声，王进感到头皮发麻。在进入电场的一瞬间，手跟导线产生的电弧带来的巨大声响，让王进想停下脚步。但随后他稳了稳神，牙一咬、心一横，一把抓住了高压线，成功实现等电位，完成了他的第一次带电作业任务。就在“摸电”的那一瞬间，他与带电作业结下了不解之缘，并严谨、认真地开展每一次作业，始终保持安全零事故。

王进在酷暑天气开展超高压线路带电作业

站上国家最高科技领奖台

走线时，带电作业人员要站在距离地面50多米的高压线上，两手紧紧抓住两股线向前移动。“我们站在高压线路下面看，电缆线都是光滑的。而近距离接触时，你会发现事实并非如此，由于电磁场的长期作用，高压线的表面特别毛糙。作业人员以前佩戴的都是普通手套，一次作业下来不仅手套会磨破，弄不好手也会擦破皮，并且手套不够光滑，走起线来阻力会非常大。为了解决这个问题，我们研发了走线专用手套。”王进说。

王进在特高压线路上开展线路走线验收

从发明走线专用手套开始，王进和他的同事开启了创新之路。2011 年 2 月 28 日，±660kV 银东直流输电工程双极投运。该工程线路多项技术在当时都处于世界领先水平，国内外均无可借鉴的带电作业标准及经验。工程投运后，王进和同事们就着手研究带电作业工作。经过他们的努力，±660kV 直流输电线路带电作业安全距离、安全防护指标及措施最终确定。在成功进行带电作业的基础上，他们编制完成了《±660kV 直流输电线路带电作业技术导则》，研制了带电作业屏蔽服、电位转移棒、大刀卡、四线吊等工器具，填补了多项技术空白。

王进团队自主研发的“±660kV 直流架空输电线路带电作业技术和工器具创新及应用”获得了 2014 年度国家科技进步二等奖。2015 年 1 月 9 日，王进登上了国家科技最高领奖台。中国工程院院士雷清泉评价说：“这些工法和工器具的创新均来自生产一线，具有较强的工程实用性与指导性，代表了工人创新的实力，体现出较高水平，具有较强的推广价值。”

以工匠之心铸就卓越品质

这些年来，王进先后获得“全国劳动模范”称号，被授予五四青年奖章、全国五一劳动奖章，入选中宣部、中华全国总工会联合发布的“最美职工”，被中华全国总工会授予“大国工匠”荣誉称号，获评“中国电力楷模”。2016 年，他当选中国能源化学地质工会兼职副主席。

“荣誉再多，我还是我，一个普普通通的线路工人。安安全全完成每一次带电作业是我永远的目标。”王进说。

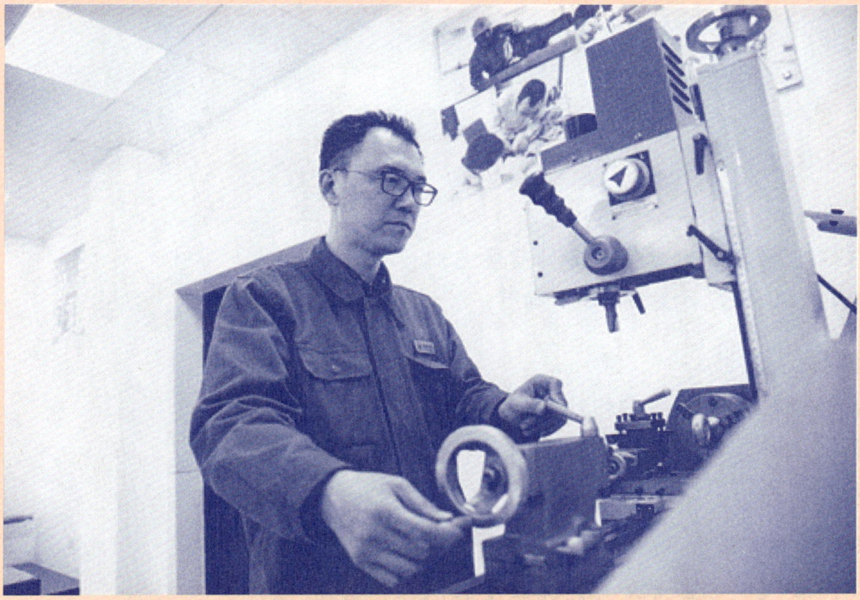

王进在创新工作室开展工器具改进

2012 年 7 月“王进劳模创新工作室”成立。工作室坚持“创新 + 实训”模式，充分发挥创新创效、实训实践、传承传播、成长成才四大功能，先后完成创新成果 30 项，获得发明专利 10 项、实用新型专利 17 项。2017 年 12 月，该工作室被评为全国示范性劳模和工匠人才创新工作室。

劳模身边再出劳模，能手身边再出能手。王进先后与谢文涛、李敏、王蔚等 8 名职工签订了师带徒协议。在王进的带动下，李敏 2013 年获得全国技术能手称号，2017 年完成山东首次特高压交流等电位带电作业，成为全省特高压带电作业第一人。

多年来，对自己从事的工作，王进始终有一份深深的自豪感、使命感。他说，在每一盏电灯的光亮里，在每一丝夏季的清凉和每一份冬季的温暖中，都蕴含着国家电网员工的赤子之心。

王进同志是伴随我国电网事业发展起来的产业工人杰出代表，是知识型、技能型、创新型的“高压带电作业勇士”。他用实际行动生动诠释了习近平总书记“劳动最光荣、劳动最崇高、劳动最伟大、劳动最美丽”的理念，在建设具有中国特色、国际领先的能源互联网企业的新征程上创新创效，谱写了新时代的劳动者之歌。

资料来源：“大国工匠”王进 . 国家电网有限公司官网，2020-06-09.

项目三　质量意识

学习目标

知识目标：

◆ 陈述当代大学生应该具备的质量意识；

◆ 熟记工作中应注意的 10 个细节。

能力目标：

◆ 能拟订提高学习质量的计划；

◆ 能阐述自己做好工作所欠缺的能力；

◆ 能拟订班级卫生质量提升的方案并应用。

行为养成目标：

◆ 高质量地完成日常学习任务以及其他各种活动；

◆ 工作中有大局观，善于思考，认真仔细，具有较强的洞察力；

◆ 重视工作，勇于克服工作中遇到的各种困难，高质量地完成工作。

重点难点

◆ 掌握做好工作的重要性及意义、工作中细节对工作质量的影响；

◆ 提高对工作质量和细节的重视程度，在实际工作中养成高质量工作的习惯。

任务一　干得了不等于干得好

情景导入

某公司承包了商业街的绿化工程，要栽 50 棵树苗。张经理分别打电话给 A、B、C 三个员工，安排明天具体任务：

A 员工负责挖坑，每挖一个坑 30 元；

B 员工负责栽树，每种一棵树 10 元；

C 员工负责填土，每填一个坑 15 元。

到了第二天：

A 员工完成了自己的工作（挖坑）；

B 员工因为严重头痛而没来上班；

C 员工也完成了自己的工作（填土）。

结果是：因为栽树苗的 B 员工没有来，所以树苗并没有栽进去，但是土却填好了。

思考与讨论：

（1）单单就任务分工来讲，A 员工和 C 员工都完成了自己的职责，但栽树苗的工作是否完成了？

（2）在自己的学习、工作过程中，是否也存在类似 A 员工和 C 员工这样的情况？请举例进行讨论和分享。

（3）请结合自身的情况思考：如果你是 A 员工和 C 员工，此项工作应该如何完成？

知识精讲

一、质量意识的含义和内容

（一）质量意识的含义

质量意识是人类意识总体中的一个方面，它是产品质量、工程质量、工作质量、服务质量在人们头脑中的反映。通俗地说，质量意识就是人们对质量的认识程度、重视程度和作为程度。

质量意识是一个企业从领导决策层到每一位员工对质量和质量工作的认识和理解，它对保证产品质量的生产行为起着极其重要的影响和制约作用。质量意识不是与生俱来的，而是在后天的环境中，通过人们的教育、培养和锻炼逐步建立起来的。培养学生建立质量意识是我国高等职业教育体系中不可忽视的重要内容。

（二）质量意识的内容

从构成角度来看，质量意识包含以下三个部分：

1. 质量认知

任何事物都有质量属性，只不过经常被我们所忽略。在日常工作中，我们首先考虑的是数量，其次才会考虑质量，这可能与传统的工作思路有关。以往我们喊的口号是“又快又好”，把“快”放在了前面，而现代的工作思路是要求我们“又好又快”，要在保证工作质量的前提下提高工作效率。

2. 质量信念

对质量的认知仅仅帮助我们认识了质量，而对质量的信念则帮助我们解决“质量应该怎么样”的问题，它能够指导我们的实际行动。很多劳动者说起质量来都能头头是道，但是因为没能树立起质量信念，依然不把质量当回事。从这个角度来说，树立质量信念的意义更为重要。

3. 质量知识

质量知识包括产品质量知识、质量管理知识、质量法制知识等。一般而言，劳动者的质量知识越丰富，对质量的认知也就越容易，对质量也越容易产生坚定的信念。质量知识丰富，能够提升劳动者的质量能力，从而使其产生成就感，增强对质量的感知。质量知识是劳动者质量意识形成的基础和条件。质量知识的多少与质量意识的强弱并不一定成正比。

二、当代大学生应具备的质量意识

（一）质量第一

“贪多贪快”是目前我国社会生产中存在的较为普遍的问题。人们往往会忽视工作质量，而仅仅以数量来评价工作的效果。殊不知，这种观念带来了众多的不良后果。作为新时代的技能操作者，我们应当树立“质量第一”“质量就是生命”“质量就是效益”的观念，当生产速度和质量发生矛盾时，速度要服从于质量，对于质量所需要的资源要优先予以保证，将生产过程中影响质量的因素和质量隐患当作第一要务处理。

（二）预防为主

拓展阅读：
魏文侯问扁鹊

在生产过程中，当人、机、管理、方法、环境系统中发生非正常运动时，必然出现质量事故。因此，质量管理工作要有超前性，要立足于质量事故的防范，坚持预防为主的原则。企业对生产过程中可能产生的误差、失误，要提前系统地采取技术、组织和管理措施，从而有效地控制和消除影响质量的因素和质量事故隐患，真正做到防患于未然，实现高效生产。

（三）质量效益

以质量带动规模和效益是企业生存的法宝，员工高质量的工作是在为企业创造效益。只有防止出现质量问题，才能直接或间接地为企业减少损失，也就是为企业带来更大的效益。正如 1-10-100 规则（见图 3-1）所示的那样，如果检查出产品缺陷需要花费 10 元的话，那么还需要再花费 100 元修复缺陷，也就是总共需要花费 110 元才能完全弥补产品的质量缺陷。但是，如果我们能在一开始便严格把控产品质量，避免出现不合格产品，前期所花费的预防成本仅为 1 元就够了。

作为直接生产者，我们一定要在踏入工作岗位之前就树立质量第一的指导思想。从个人发展来说，高质量的工作可以给人留下更为深刻的印象，帮助我们在所从事的岗位上尽早地成熟起来，为自己向更高的目标迈进创造条件。

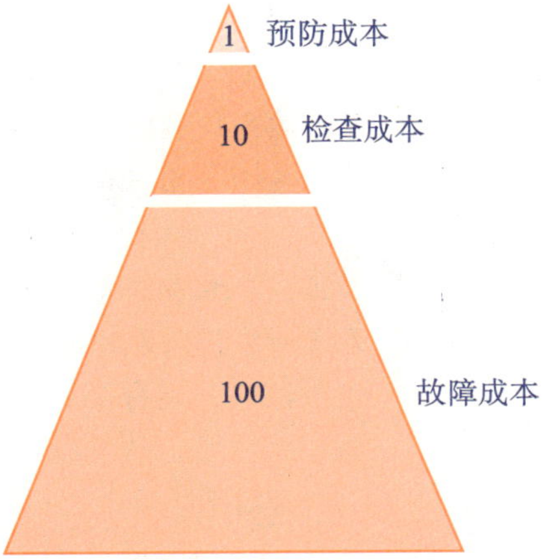

图 3-1 1-10-100 规则

活动体验

活动：案例分析

华为的质量目标、质量方针与质量战略

华为技术有限公司（以下简称华为）成立于 1987 年，总部位于广东省深圳市。华为是全球领先的 ICT（信息与通信）基础设施和智能终端提供商。华为致力于把数字世界带入每个人、每个家庭、每个组织，构建万物互联的智能世界。

2019 年 8 月 9 日，华为正式发布鸿蒙系统；2019 年 8 月 22 日，“2019 中国民营企业 500 强”发布，华为以 7 212.02 亿元的年收入排名第一；2019 年 12 月 15 日，华为获得了首批 2019 中国品牌强国盛典“年度荣耀品牌”的殊荣。2020 年，华为以 8 588.33 亿元蝉联“中国民营企业 500 强”榜首。2021 年 8 月 2 日，《财富》杂志公布“世界 500 强”排行榜，华为排在第 44 位。2022 年上半年，华为实现销售收入 3 016 亿元，入选艾媒金榜（iiMedia Ranking）发布的“2022 年中国杰出品牌排行榜 TOP50”，排名第 1 位。2022 年 8 月 3 日，《财富》杂志公布“世界 500 强”排行榜，华为排在第 96 位。2023 年 4 月 28 日，华为发布 2023 年第一季度经营业绩，实现销售收入 1 321 亿元人民币，同比增长 0.8%，净利润率 2.3%。

■ 华为公司的质量目标

让 HUAWEI 成为 ICT 行业高质量的代名词。

■ 华为公司的质量方针

（1）时刻铭记质量是华为生存的基石，是客户选择华为的理由；

（2）我们把客户要求与期望准确传递到华为整个价值链，共同构建质量；

（3）我们尊重规则流程，一次把事情做对；

（4）我们发挥全球员工潜能，持续改进；

（5）我们与客户一起平衡机会与风险，快速响应客户需求，实现可持续发展。

如何理解华为公司的质量目标、质量方针与质量战略？

华为承诺向客户提供高质量的产品、服务和解决方案，持续不断让客户体验到我们致力于为每个客户创造价值。

■ 华为公司的质量战略

（1）华为视质量为企业的生命。质量是我们价值主张和品牌形象的基石，也是我们建立长期及重要客户关系和客户黏性的基石。

（2）打造精品，反对低质低价。以最终用户体验为中心，从系统、产品、部件、过程四个维度构建结果质量、过程质量和商业环境口碑质量。

（3）借鉴德国、日本企业的质量文化，与华为实际相结合，建设尊重规则流程、一次把事情做对、持续改进的质量文化。

（4）把客户要求与期望准确传递到全球合作伙伴并有效管理，与价值链共同合作，共同构筑高质量和可持续发展。

（5）尊重专业，倡导工匠精神，打造各领域世界级专家队伍。

（6）人人追求工作质量。不制造、不流出、不接受不符合要求的工作输出；不捂盖子、不推诿、不弄虚作假，基于事实进行决策和解决问题。

（7）落实管理者质量第一责任，基于流程构建质量保证体系，建设能适应未来发展的大质量管理体系。

总结分享：

如何理解华为公司的质量目标、质量方针与质量战略？与同学们讨论，并分享自己的体会。

自我评估

测试——你是一个注重质量的人吗?

下面我们用 10 个选择题来测试一下，请如实作答。

1. 选择产品时，你最注重的产品的（　　）。
   A. 价格　　B. 质量
2. 老板交给你一项你不太擅长的任务，你打算（　　）。
   A. 糊弄一下，交工　　B. 认真请教，想尽办法做到最好
3. 你做事往往是（　　）。
   A. 虎头蛇尾　　B. 有始有终
4. 面对简单的重复性工作，你的态度是（　　）。
   A. 整天抱怨，心烦意乱　　B. 积极乐观，埋头苦干
5. 你整天（　　）。
   A. 幻想有朝一日干一番大事业　　B. 想着把每一件小事做好
6. 假如你去买汽车，你会选择（　　）。
   A. 外观漂亮、拉风的　　B. 品控成熟、安全性能好的
7. 领导给你安排了任务，你的态度是（　　）。
   A. 差不多就行　　B. 竭尽全力
8. 单位生产任务重，需要你加班，可你已经很累了，你会（　　）。
   A. 抽时间休息一会儿　　B. 强打精神，坚持坚持
9. 遇到困难时，你总是（　　）。
   A. 有点力不从心，心想还是算了吧　　B. 想办法克服，一定要成功
10. 看到同事上班老是懒懒散散的，你的想法是（　　）。
   A. 随他去吧，不关我的事
   B. 他是他，我是我，我要做好自己的工作

评估标准：

选 A 得 0 分，选 B 得 2 分。

结果分析：

12 分及以下，说明你是一个不太讲究质量，随意性比较强的人。

14～16 分，说明你内心已经开始关注质量，但有时候还不太彻底。

18～20 分，说明你是一个充满质量意识，时时刻刻都能严格要求自己的人。认真的态度将有助于你今后的发展。

你顺利完成了以上的自我评估了吗?

如果没有，请总结一下未完成的原因。

如果顺利完成，那你的所得分数处在以上哪一个阶段？你下一步有什么计划吗？请与大家分享一下。

任务二 细节成就差别

情景导入

在中国古代，临近黄河岸边有一片村庄，为了防止水患，农民们筑起了长堤。一天，有个老农偶然发现蚂蚁窝增加了很多。老农心想：这些蚂蚁窝会不会影响长堤的安全呢？他要回村去报告，路上遇见了他的儿子。老农的儿子听后不以为然地说："那么坚固的长堤，还害怕这些小小的蚂蚁吗？"他随即拉着老农一起下田了。当天晚上风雨交加，黄河水暴涨。河水从蚂蚁窝渗透出来，最终冲决长堤，淹没了沿岸的大片村庄和田野。

《韩非子·喻老》中有"千丈之堤，以蝼蚁之穴溃；百尺之室，以突隙之烟焚"。后世据此典故引申出成语"千里之堤，溃于蚁穴"。

某大学毕业生小陈因为一份简历在应聘时栽了跟头。事情的经过是这样的：参加招聘会的那天早上，小陈不慎碰翻了水杯，浸湿了其放在桌上的简历。为尽快赶到会场，小陈只将简历简单地晾了一下，便将其塞进背包。

在招聘会现场，小陈看中了一家深圳房地产公司的广告策划主管岗位。按照这家企业的要求，招聘人员将先与应聘者简单交谈，再收简历，被收简历的人会得到面试机会。

轮到小陈时，招聘人员问了小陈三个问题后，便向他要简历。小陈掏出简历时发现，简历上不仅有一大片水渍，加上包中钥匙等物品的划痕，已经不成样子了。小陈努力将简历弄平整，递了过去。看着这份"伤痕累累"的简历，招聘人员的眉头皱了皱，但还是收下了。那份折皱的简历夹在一叠整洁的简历里，显得十分刺眼。

三天后，小陈参加了面试，表现非常活跃，无论是现场操作 Photoshop 软件，还是为虚拟的产品做口头推介，他都完成得不错。在校读书时曾身为学校戏剧社骨干社员的小陈还即兴表演了一段小品，赢得面试负责人的啧啧称赞。当他结束面试走出办公室时，一位负责招聘的人员对他说："你是今天面试者中最出色的一个。"

然而，面试过去一周了，小陈依然没有得到回复。他急了，忍不住打电话向招聘人员询问情况。招聘人员沉默了一会儿，告诉他："其实招聘负责人对你是很满意的，但你败在了简历上。老总说，一个连简历都保管不好的人，是管理不好一个部门的。你应该知道，简历实际上代表的是你的个人形象。将一份凌乱的简历投出去，有失严谨。"

这件事给了小陈深刻的教训，从此，他变得细心起来。他深切感到，细节决定成败。

思考与讨论：

（1）上述故事对你有何启示？

（2）你认为细节重要吗？

知识精讲

细节是一种态度，每一个细节都代表员工对工作的态度。细节是一种责任，细微之处彰显着你所肩负的使命。在成功的道路上，细小的错误可能会导致功亏一篑，1% 的错误可能会导致 100% 的失败。生产企业选聘员工时是有一定标准的。虽然平时那些不经意的小事无法用标准来衡量，但还是能反映一个人的细节品质。个体很难时时向他人展示完美的自己。现代社会，职场竞争越来越激烈，对职场人士的要求也越来越高。面对工作压力，个体想要在事业上有所建树，就需要注意工作上的细节问题。

一、如何注意细节

细节是极其普通、平凡的，稍不留意，就会从我们身边溜走，一句话、一个动作、一个想法……它就像细沙一样微不足道，但我们却不可忽视它，细节决定成败。在即将迎来的工作中，我们应做好以下几件事：

（1）要有敬业精神和端正的工作态度。个体的工作态度决定了对细节的关注程度。一个不想做事的人是不可能关注细节的。在工作中，认真做事只是把事情做对，而用心做事才能把事情做好。

（2）要树立小事不小、重视细节的观念。实践证明，能否做好工作，关键在于能否抓住一个“小”字。“一屋不扫何以扫天下”说的就是这个道理。每个人都应将自己的岗位工作做到位。我们一定要深刻理解“简单不等于容易，简单的招式练到极致就是绝招”这句话的内涵。

（3）要坚持学习，加强培训。一个人只有在工作中不断学习新知识，才能保持思维的灵动，也只有这样才能关注到细节。

二、工作中需要注意的 10 个细节

（一）遵守时间

这是工作中最基本的一条，无论是上班、开会，还是赴约都必须守时。这不仅是一种礼节，也是一种信用，更是一名优秀员工的必备职业操守。

（二）睡前多几分钟准备

“居安思危，思则有备，有备无患。”“凡事豫则立，不豫则废。”愚者错失机会，智者善于抓住机会，成功者创造机会。因此，我们必须从平时的细节做起。对于员工来说，睡前有准备和睡前无准备会形成较大差别。在睡前多几分钟思考和准备，第二天做事情时就会信心十足。

（三）提前五分钟开始工作

如果你能提前五分钟工作，一是会给上级留下干劲十足的好印象，有重要的

工作之后也会放心地交予你完成；二是同事会认为你是一个有事业心和职业精神的人，与同事间的合作、沟通交流会更加顺利；三是你可以利用五分钟整理办公桌，理顺一天的心情；四是计划当天要做的工作，写出工作计划，有助于工作的顺利开展。

（四）先做最重要的事

我们应认清当天工作中最重要的事情是什么，先着手把这些事情完成。我们首先要做的一定是紧急又重要的事情，这些事情通常是突发的、迫切需要解决的。当我们能圆满完成这些事情时，就会给上级留下工作高效的印象。

（五）主动向上级汇报自己的工作情况

下级应主动向上级汇报工作情况，让上级知道其工作成绩以及在工作中遇到的困难。上级的工作经验比较丰富，向上级请教问题，不仅是虚心好学的体现，还能够获得上级的帮助，以保证工作的高效完成。

（六）原谅别人的错误

在一个团队中工作，成员间难免会磕磕碰碰，但一定要记住，出现摩擦和矛盾后，不要把这些过失和错误记在心上，很多错误往往是在不经意间发生的。我们必须知道，原谅比埋怨更能体现一个人的心胸和品质。

（七）做好分内的事

在工作中，很多上级都是通过一些微不足道的事来判断下级对待工作的态度。我们只有认真做好自己分内的事，圆满完成后才会被委以重任。

（八）切忌不懂装懂

初入新的环境，新员工对公司的特点、运营方式不是很熟悉，不懂的时候不妨直说“我不懂”，向有经验的同事请教。不懂装懂，不仅对自己没有好处，而且可能给企业造成损失。

（九）反省比辩解更容易令自己受器重

个人的意见和想法与他人不一致时需要反省。尤其是下级，如果受到上级的批评，应当保持冷静，认错并改正，此时辩解只会火上浇油。

（十）让工作充满创意

当工作一段时间后，很多人会感觉每天都是在不断的重复中度过。我们要想办法让自己的工作保持创造性，这样才能感受工作中的美好，体会工作带来的快乐。

活动体验

活动：案例分析

“两丝”钳工顾秋亮

“蛟龙号”是中国首艘大深度载人潜水器，最大下潜深度达到了 7 062 米。深海载人潜水器有十几万个零部件，组装起来最大的难度就是密封性，精密度要求达到了“丝”级。

“蛟龙号”载人潜水器

在中国载人潜水器的组装中，能实现这个精密度的只有中国船舶重工的钳工顾秋亮。也因为有着这样的绝活儿，顾秋亮被人称为“顾两丝”。

“两丝”钳工顾秋亮

别看现在的顾秋亮这么牛，当初学徒时，没少挨师父的骂。

顾秋亮的师父张桂宝笑称：“那时候，他刚进车间，比较调皮，经常挨骂，还屡教不改，我们就说他，像茅坑里面的石头一样，又臭又硬。”

师父们严厉的调教让顾秋亮慢慢收住了心，用最笨的办法练习基本功。

（1）“两丝”钳工顾秋亮的特殊本领是如何得来的？

（2）从顾秋亮身上你学到了什么？

顾秋亮说，10 厘米的一块方铁，要锉到 0.5 厘米，就是 5 毫米，为此，他连锉了十五六块方铁，锉刀都用断了几十把。

一遍遍地锉钢板，一遍遍地动脑筋琢磨，渐渐的顾秋亮手里的活儿有了灵性，做的工件全部免检，“顾两丝”的名号也渐渐被叫响了。

顾秋亮说：“就像人家跑步拿着一碗水，不能让水泼在外面。现在我估计大概是 0.2（丝），不相信拿头发来试试。再细的我都能压住。”

“蛟龙号”作为中国首个大深度载人潜水器，组装起来没有可以借鉴的经验，安装的难度是在球体跟玻璃的接触面，要控制在 0.2 丝以下。用精密仪器来控制这么小的间隔或许不算难，可难就难在载人舱观察窗的玻璃异常娇气，不能与任何金属仪器接触。因为一旦摩擦出一个小小的划痕，在深海几百个大气压的水压下，玻璃窗就可能漏水，甚至破碎，危及下潜人员的生命。因此，安装载人舱玻璃，也是组装载人潜水器里最精细的活儿。为了解决潜水器密封性的问题，要做大量装配试验。顾秋亮在整个试验和装配过程中，每天工作到凌晨，双休变成单休，周六加班，这些都是常有事。除了依靠精密仪器，顾秋亮更多的是依靠自己的判断。“蛟龙号”是中国首个大深度载人潜水器，组装起来没有可以借鉴的经验，顾秋亮只能一点点摸索。靠眼睛看、靠手抚摸，时间长了，顾秋亮两只手基本上没有纹路了，现在用指纹打卡都成问题。

从 2009 年至 2012 年，“蛟龙号”接连取得 1 000 米级、3 000 米级、5 000 米级和 7 000 米级海试成功。特别是 2012 年 6 月 27 日 11 时 47 分，“蛟龙号”再次刷新“中国深度”——下潜 7 062 米。让人信任一次两次、一年两年容易，要一辈子信任很难。顾秋亮 43 年来，用他做人的信念，埋头苦干、踏实钻研、挑战极限，追求一辈子的信任。这种信念，让他赢得潜航员托付生命的信任，也见证了中国从海洋大国向海洋强国的迈进。

资料来源：赵宏．打造“蛟龙”的大国工匠．江苏工人报，2015-06-03.

总结分享：

（1）“两丝”钳工顾秋亮的特殊本领是如何得来的？

（2）从顾秋亮身上你学到了什么？

自我评估

成功细节大讨论

1. 请同学们结合【知识精讲】“二、工作中需要注意的 10 个细节”，想一想如何才能更高效地处理好工作中的细节，并将之写下来。

2. 将自己思考后的方法写成一个简单的职场成功攻略，同学间可相互交流。

项目实训

实训主题： 产品研发。

实训形式： 结合团队专业或兴趣爱好的优势，设计并研发一种产品，要求该产品能够进行手工生产。

实训要求：

1. 形成产品设计方案。
2. 产品设计方案的内容包括：

（1）明确的产品标准，以保证手工生产的产品质量的稳定性；

（2）具体的保障产品质量的措施；

（3）产品的生产流程，包括工序以及成品检验；

（4）产品设计、生产任务的成员分工；

（5）产品应有一定的价值，并能够销售。

3. 过程记录：对任务完成过程全程拍摄。

产品设计方案

培根铸魂

劳动者素质对一个国家、一个民族发展至关重要。当今世界，综合国力的竞争归根到底是人才的竞争、劳动者素质的竞争。我国工人阶级和广大劳动群众要树立终身学习的理念，养成善于学习、勤于思考的习惯，实现学以养德、学以增智、学以致用。要适应新一轮科技革命和产业变革的需要，密切关注行业、产业前沿知识和技术进展，勤学苦练、深入钻研，不断提高技术技能水平。要完善现代职业教育制度，创新各层次各类型职业教育模式，为劳动者成长创造良好条件。技术工人是支撑中国制造、中国创造的重要基础。要完善和落实技术工人培养、使用、评价、考核机制，提高技能人才待遇水平，畅通技能人才职业发展通道，完善技能人才激励政策，激励更多劳动者特别是青年人走技能成才、技能报国之路，培养更多高技能人才和大国工匠。要增强创新意识、培养创新思维，展示锐意创新的勇气、敢为人先的锐气、蓬勃向上的朝气。要推进产业工人队伍建设改革，落实产业工人思想引领、建功立业、素质提升、地位提高、队伍壮大等改革措施，造就一支有理想守信念、懂技术会创新、敢担当讲奉献的宏大产业工人队伍。

资料来源：节选自习近平在全国劳动模范和先进工作者表彰大会上的讲话（2020 年 11 月 24 日）

项目四　服务意识

学习目标

知识目标：

- 复述服务意识的含义，举例说明服务意识的内涵与重要性；
- 归纳总结服务人员应具备的素质，举例说明服务人员应具备的主要素质；
- 举例说明提高服务意识的具体途径。

能力目标：

- 能阐述服务意识并利用个人的服务意识满足他人的需求；
- 能遵从服务人员应具备的素质，执行一次服务；
- 能表明服务意识的重要性，评价个人的服务意识。

行为养成目标：

- 认真倾听服务对象的需求，通过对方的言语理解服务对象的需求并为之提供相应的服务；
- 设计一个服务场景，利用服务人员的形体素质、语言素质、沟通能力等为服务对象提供服务，并得到对方的认可，能够在日常生活中主动为老师、同学提供服务；
- 分别对一名熟悉的同学和一名陌生的同学进行服务，在服务过程中注意其需求的不断变化，并让对方感到满意；
- 能够在日常班级活动中积极承担服务工作。

重点难点

- 服务及服务意识的定义、服务意识的内涵、服务意识的重要性、服务人员应具备的素质；
- 如何提高服务意识，为客户提供满意的服务。

任务一 胜在服务，赢在细节

情景导入

如果说，我们要评选一个国内白色家电历史上的品牌神话，那么，海尔必然会当选。

海尔从 1984 年创立到现在，始终以用户为中心，坚持原创科技，布局智慧住居和产业互联网两大主赛道，成为全球领先的美好生活和数字化转型解决方案的服务商。

海尔之所以能够获得成功，有很多方面的因素影响，其中我们不得不谈的就是海尔服务。在发展之初，海尔的服务理念是“用户永远是对的”。而随着时代的发展、市场环境的变迁，这一服务理念得到了巩固和发展。从海尔的服务理念来看，其营销策略是非常超前的。市场发展到现在，企业的营销策划一定要以客户需求为中心，而海尔在创始之初，就已经将这一理念融入日常运营中。

20 世纪初，海尔以开展星级服务成为中国家电第一名牌为中心，以市场份额不断扩大和产品不断创新为重点。海尔将服务作为其品牌形象的亮点，持续向客户提供意料之外的满足。

如今，海尔成为那些以服务作为品牌亮点的企业的重点研究对象之一。服务，既能起到沟通的作用，又能起到连接消费者与生产的中介作用。在企业的运营中，服务处于主体地位，这一点对于所有的企业来说既是不容忽视的，也是无法动摇的。

如果一家企业没有先进且完善的服务体系，没有良好的服务手段，那么就无法吸引更多的客户，无法占领更多的市场，也就无法获得更多的利润。服务是企业与客户直接接触的重要环节，并且这一环节是可塑性最强的一个环节。其他企业在借鉴海尔的服务理念时，千万不能忽视海尔“高标准、精细化、零缺陷”的星级服务战略，这一战略值得很多企业学习。

思考与讨论：海尔持续做强的原因是什么？

知识精讲

成功的企业背后往往蕴含着先进的管理理念。在现代企业标准化程度增强、差异逐渐消失的情况下，企业只有不断地增加服务要素，寻求差异化，增加产品附加值，才能创造更大的效益。因此，企业应不断地提高和完善员工的服务意识和服务细节，这对企业的发展起着至关重要的作用。

一、服务与服务意识的含义

（一）服务的含义

服务的英文是Service。其中的S、E、R、V、I、C、E可以分别理解为英文的Smile（微笑）、Efficiency（效率）、Receptiveness（诚恳）、Vitality（活力）、Interest（兴趣）、Courtesy（礼貌）和Equality（平等）。

从宏观角度来讲，服务是一种商品，是我们向客户销售的一种在良好硬件基础上的无形商品，包括舒适、友善及尊重等。

从微观角度来讲，服务是让客户感到满意的一种行为过程，包含身体和精神上的满足，以及高效率为客户带来的方便和快捷。

简单地说，服务就是帮助，是照顾，是贡献，是在细微之处创造效益、提高质量。在激烈的市场竞争中，企业要想拥有一定的良性发展空间，除了要严格把关产品质量外，还要有一套完善的产品服务体系，所以培养员工的服务意识至关重要。员工的服务意识提高了，服务质量也就提高了。

（二）服务意识的含义

服务意识是指员工在与企业利益相关的人或企业的交往中所体现的为其提供热情、周到、主动的服务的欲望和意识，即自觉、主动地做好服务工作的一种观念和愿望，它发自服务人员的内心。

基于认识程度，服务意识既有强烈与淡漠之分，又有主动与被动之分。员工的认识深刻，就会有强烈的服务意识；员工产生了展现个人才华、体现人生价值的理念，就会有强烈的服务意识；员工具有以企业为家、热爱集体、无私奉献的风格和精神，就会有强烈的服务意识。

二、服务意识的内涵

服务意识是发自服务人员内心的，是服务人员的一种本能和习惯，可以通过培养、教育、训练形成。

服务意识包括两个方面：一是组织内部各个层级之间的服务意识，二是该组织与客户之间的服务意识。在现代社会，服务意识的内涵早已超出“微笑服务”“关怀服务”的范畴。员工做好本职工作、合乎制度的要求，可以称得上合格的员工；能够真正站在客户的立场为其着想的员工，才是优秀的员工。因此，企业加强对员工服务意识的培养是非常必要的。优质服务首先根植于员工良好的服务意识。

每个人都有自己理想的职业生涯。我们必须让意识有用武之地，赋予其一些任务，只有这样，意识才会发挥作用，服务意识同样如此。

三、服务意识的重要性

对于一个企业来说，服务是至关重要的。没有服务，就没有客户；没有客户，就没有利润；没有利润，企业就无法生存（见图 4-1）。服务意识是企业生存和发展的需要，是企业的核心竞争力之一。如今，客户越来越看重服务态度和服务意识。

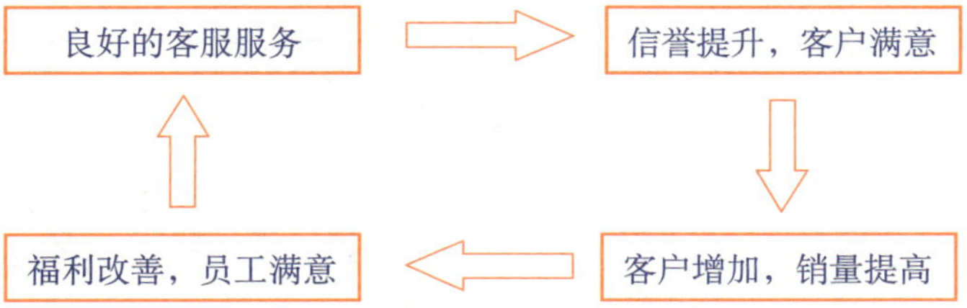

图 4-1　服务意识的重要性

（1）服务行业作为第三产业，必然涉及服务意识的问题，“顾客至上”“顾客永远是对的”这些服务口号已经家喻户晓，对服务意识做了很好的诠释。

（2）客户的维权意识增强。现在的客户越来越看重服务态度，他们注重服务质量，维权意识不断增强。

（3）利用先进的服务意识留住客户。如今的市场竞争越来越激烈，产品普遍供过于求，企业只有提供优质的服务才能留住客户。

（4）服务质量对企业竞争有决定性的作用。对于企业来说，经营是前提，管理是关键，服务是支柱。

活动体验

活动：数据对比

相关研究报告显示，客户流失率每降低 5%，企业利润可以增加 25%～95%。经济学中的“80/20 法则”表明：企业未来收入的 80% 来自 20% 的现有客户。企业向老客户销售的成功概率为 60%～70%，而向新客户销售的成功概率仅为 5%～20%。因此，为了留住客户，企业要认真研究客户流失的原因。请对比表 4-1 至表 4-3 中的数据。

表 4-1　客户流失原因比

客户流失原因比	死亡 1%
	更换住址 3%
	自然改变喜好 4%
	在朋友推荐下换了企业 5%
	在别处买了更便宜的产品 9%
	对产品不满意 10%
	服务人员对他们的需求漠不关心 68%

表 4-2　不满意客户背后数据表

<table>
<tr><td rowspan="5">1 个不满意的客户</td><td>1 个不满意的客户背后有 25 个不满意的客户</td></tr>
<tr><td>24 个不满意的客户并不会投诉</td></tr>
<tr><td>1 个不满意的客户会把他糟糕的经历告诉 10～20 人</td></tr>
<tr><td>6 个不满意的客户有严重问题但未抱怨</td></tr>
<tr><td>若所投诉的问题得到解决，会有 60% 的投诉者愿意与企业保持关系；如果所投诉的问题迅速得到解决，会有 90%～95% 的客户愿意与企业保持关系</td></tr>
</table>

表 4-3　满意客户背后数据表

<table>
<tr><td rowspan="3">1 个满意的客户</td><td>1 个满意的客户会告诉 1～5 人</td></tr>
<tr><td>100 个满意的客户会带来 25 个新客户</td></tr>
<tr><td>维持 1 个老客户的成本只有吸引 1 个新客户的成本的 1/5</td></tr>
</table>

拓展阅读：

客户流失分析的作用

总结分享：

以上数据说明了什么问题？请将你的答案写在下方横线上。

自我评估

测试自身服务意识

同学们可利用表 4-4 对自身服务意识进行评估，请在测试问题后打钩，最终计算总分。

表 4-4　服务意识自我测试表

序号	测试问题	非常同意（5分）	有些同意（4分）	不知道（3分）	反对（2分）	强烈反对（1分）
1	我个人的工作技巧比客户满意更重要					
2	大家都认为我脾气很好					
3	有些客户确实刁蛮、非常讨厌					
4	很多时候，我必须让别人知道我是对的					
5	办事时就应该按部就班					
6	客户是“舞台的中心人物”					
7	在公司里，老是有人让我生气					
8	心情高兴时，我的态度也会很好					
9	如果受到无理指责，我的态度无法好起来					
10	让那些刁蛮的客户哑口无言是一件快乐的事情					
11	我的工作应该引人注目					
12	客户都认为我是一个乐于帮助别人的人					
13	我喜欢工作中的新变化					
14	见到每一个人时，我都会面带微笑					
15	客户不可能永远是对的					
16	我没办法强迫自己去讨好别人					

总分统计：

评估标准：

服务意识测试有助于你认识自身的优势。该问卷满分为 80 分，从非常同意到强烈反对依次是 5 分、4 分、3 分、2 分、1 分。

结果分析：

如果你的分值在 50 分以上，恭喜你已经具备良好的服务意识和服务技巧。如果你的分值在 30～50 分，那么你的服务意识和服务技巧还有部分的欠缺，你应该及时地弥补，否则将影响职场形象。如果你的分值在 30 分以下，那么你的服务意识和服务技巧十分欠缺，你必须认真地弥补，否则职场前途将十分暗淡。

任务二 己所不欲，勿施于人

情景导入

因工作需要，李飞准备在华天大酒店长住一年，但酒店没有单人间，李飞就订了一间标准间。一周后，李飞觉得自己一个人住在标准间挺不舒服，两张床比较占空间，就向客房部黄经理提出能否给他换张大床。黄经理认为客人的要求是合理的，就专门购置了大床，满足了李飞的需求。

又一周后，李飞找到黄经理，提出能否给他的房间多加一个衣柜，因为壁橱里放不下李飞一年四季的衣服。于是，黄经理就与李飞商量："您可以把衣服寄放在酒店洗衣房的布草间里。"但李飞不同意，他说："每次穿衣时都要与你们联系，岂不麻烦？"黄经理认为李先生也有道理，就给他专门添置了衣柜。

再一周后，李飞又找到黄经理，要求长借一块烫衣板和一只熨斗，他说："每次我刚借来熨斗，你们的服务员就来催问我什么时候还，我总想在自己最方便的时候熨衣服。"黄经理想了想，就对李飞说："我会通知服务员满足您的要求。"

李飞离开后，黄经理嘟囔着："那么麻烦的客人，还不如不接！"

思考与讨论：

（1）是李飞麻烦，还是黄经理没做好？

（2）假如你是黄经理，你会怎么做？

知识精讲

一、服务人员应具备的素质和意识

（一）形体素质

仪容仪表：容貌、姿态、神情等端正、庄重，这是服务人员应具备的第一素质。

面部表情：得体的面部表情可以营造良好的氛围。服务人员应以真诚的笑容向客户提供服务。服务人员只有学会察言观色，才能更好地了解客户的需求。

个人卫生：个人卫生是向客户提供优质服务的前提，是文明的标志，关系到员工素质。

举止风度：风度是一个人气质、阅历和教养的集合，表现在言谈话语方面。

（二）语言素质

语言表达：使用通俗易懂的普通话。

声调语调：音量及语速要适中、简洁明了、不啰唆。

语言技巧：对待客户一视同仁，在用词、态度等方面不能厚此薄彼，公平是实现完善接待的前提。

（三）沟通意识

横向沟通：与同事沟通时，应保持尊重、积极倾听、明确表达、培养情绪管理能力。

纵向沟通：与客户、上级沟通时，应坦诚相对、适度赞美、注意场合、选择时机。

（四）产品意识

有形产品：酒水、菜肴、水果等。

无形产品：规范服务、微笑、气氛、安全等。

（五）质量意识

质量决定企业的兴衰和服务人员自身的发展。衡量服务质量的标准：是否让客户满意及是否让企业满意。

（六）服从意识

服务人员要以服从为宗旨，明确服从的对象是上级、客户。要做到服从，员工就必须忠诚、爱岗敬业，秉持宽容之心。

（七）角色意识

服务人员是一个从属角色，遵循服务规则是基本要求。企业绝不能由无责任、无纪律者来担任服务人员。

（八）营销意识

服务人员应具备营销意识以发掘客户的隐性需求。企业的每个员工都是营销的一分子，企业应建立全员营销意识。

二、服务意识对服务质量的影响

服务意识的缺乏必然伴随员工服务态度的生硬和精神状态的低迷，必然导致员工服务的消极被动和效率低下。图 4-2 表明不同的服务意识会产生不同的服务质量。

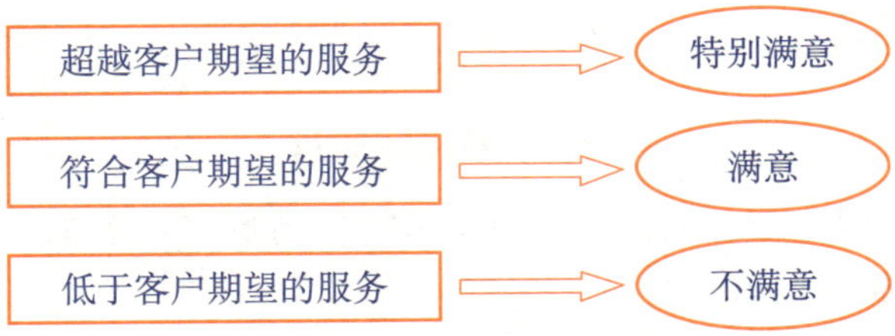

图 4-2　服务意识与服务质量的关系

三、提高服务意识的途径

（一）摆正心态，克服心理障碍

为什么要我去伺候别人？任何工作本质上都是服务，社会的分工不同，并不是地位高低、身份贵贱的区别。

为什么我要受客户的气？客户对公司有意见才会对我们抱怨或不满，说明我们的服务还有提升的空间，任何客户针对的都是公司，而非个人。

（二）服务发自内心

服务是从心开始的。服务必须发自内心，否则，再系统的理论和再完善的培训都无济于事。

服务来自员工自己的意愿。客户开心的笑容是员工服务的原动力。乐于为客户服务，并给他们带来欢乐应成为员工生活中的一种习惯。

一个员工若是为了怕被客户投诉、害怕领导追查、为了更高的薪水和职位，甚至只是为了保质、保量地完成工作，从而有优秀的业绩，那么他所做的并不是真正的服务，也更谈不上有良好的服务意识。

（三）拥有一颗感恩的心

感恩之心是每个人生活中不可或缺的阳光雨露。无论你生活在何地何处，或者你有着怎样特别的生活经历，只要胸中常常怀着一颗感恩的心，就会不断地涌动着诸如温暖、自信、坚定、善良等美好的品格。自然而然地，你的生活中便有了一处处动人的风景。

感恩是一种对恩惠心存感激的表示，是每一位不忘他人恩情的人萦绕心间的情感。学会感恩，是为了擦亮蒙尘的心灵而不致麻木；学会感恩，是为了将无以为报的点滴付出永铭于心。譬如感恩于为我们的成长付出毕生心血的父母双亲。

在现实生活中，只有很少一部分人能无私地为他人服务而从不抱怨。我们一定要铭记“己所不欲，勿施于人”给予我们的启示：自己做不到的，便不能要求别人做到，如此就会给别人留下美好的印象。

拓展阅读：

己所不欲，勿施于人

活动体验

活动：情景讨论

服务情景设定清单

情景 1：接待顾客。“当顾客来到前台，作为接待员，你应该说什么，做什么？你应该避免说什么，做什么？”

情景 2：电梯相遇。“作为一名公司职员，你与顾客一同等电梯，门开了，你应该说什么，做什么？你应该避免说什么，做什么？”

情景 3：阻止吸烟。“作为一名学生，你的同学在公共场所（如宿舍）吸烟，你应该说什么，做什么？你应该避免说什么，做什么？”

情景 4：电话接待。“作为一名公司职员，有人打办公室电话说是领导多年不联系的朋友，想问你要领导的手机号码。作为下属，你应该说什么，做什么？不应该说什么，做什么？”

情景 5：乘坐公交。“在公交车上，你看到一位刚上车的年轻妈妈，手提重物，还抱着孩子。作为一名乘客，你应该说什么，做什么？你应该避免说什么，做什么？”

总结分享：

以小组为单位，将相关内容填入表 4-5。

表 4-5 情景讨论记录表

情景名称：		组别及成员：	
应该说的话	应该做的事	避免说的话	避免做的事
教师建议：			

自我评估

评估自身服务意识

同学们可利用表 4-6 对自身服务意识进行评估。

表 4-6 服务意识自我评估表

姓名		班级	
职务		特长	
自我评估	1. 你对本学期在班级中的表现感到： □非常满意 □满意 □还可以 □不满意		
	2. 你对目前的学习状态感到： □尚能学习更多知识 □合适，但希望能学到更多的知识 □适合目前能力 □能力稍感不足		
	3. 你对其他同学提供的服务感到： □很多 □比较多 □还可以 □没有		
	4. 你对目前的学习环境感到： □很好 □好 □尚可 □差		
	5. 你对所担任职务希望： □继续担任现职 □变更职务 理由：		
	6. 希望别人为你提供什么服务，使你未来学习、生活会更好？ 答：		
	7. 通过自己的努力学习，你想为其他人提供什么服务？ 答：		
综合思考	通过对上述问题的解答，寻找自己在班级中的定位，思考如何更好地为老师、同学服务，请将感受写在下方横线上。		

项目实训

实训主题：发挥服务效应，获得服务回报。

实训形式：以团队形式，找到安全且有保障的服务组织，为该组织提供服务，并获得服务报酬。

实训要求：

1. 训练任务最终以获得的服务评价和报酬作为结果体现，并在下方空白处记录服务体验感受（500 字左右）。

2. 注意事项包括：

（1）以团体的形式开展服务；

（2）服务时间设定在一天之内，服务报酬设定在人均 30～50 元；

（3）服务组织或机构无校内校外的限制，组织或机构应合法设立；

（4）获得的服务报酬归团队所有。

3. 过程记录：对任务完成过程全程拍摄。

服务体验感受

培根铸魂

“坚韧纯粹、甘为人梯”的“张桂梅精神”点燃“奉献”之灯。张桂梅，正如她原名张玫瑰，本应该是一朵热烈而又新鲜的“娇花”，来到了大山之中，变成了飘香的桂花、傲雪的寒梅，从此撒下千万种子，于是她不再是山坳里的唯一一朵。她创办了全国第一所全免费的女子高级中学，建校 10 余年来已累计把 2 000 余名女孩送入大学，67 岁的她成为大山女孩的“校长妈妈”，她把自己的工资、奖金累计 100 多万元全部捐给山区教育和社会事业。张桂梅在 2021 年 6 月 29 日“七一勋章”颁授仪式上说：“只要还有一口气，我就要站在讲台上，倾尽全力、奉献所有，九死亦无悔！”奉献的真谛就是把初心融进灵魂、把使命扛在肩上，胸怀大爱、满心情怀、无私忘我，在平凡的岗位上谱写出一曲可歌可泣的壮丽篇章。

“真心真情、兢兢业业”的“张桂梅精神”点燃“服务”之灯。在投身教育事业期间，张桂梅会尽全力把大山里的每一位渴望读书的女孩带到学校倾尽心血、精心呵护。老师们在上课的时候，她在教室旁听；学生们吃饭的时候，她在食堂注视；全体跑操的时候，她在操场记录。张桂梅把自己的一颗真心毫无保留地献给学生、留在学校，用“服务”诠释“校长妈妈”这个身份。

全心全意为人民服务是党的根本宗旨，也是每一位青年干部要终身为之奋斗的目标。我们应立足自己的岗位，用担当和服务诠释“人民至上”，实实在在地为人民群众解决“急难愁盼”问题，办好每一件民生实事。

模块二

职业行为

项目五　职业沟通

学习目标

知识目标：

- 复述倾听的意义，举例说明倾听的障碍及有效倾听的方法，陈述沟通的目的；
- 演示沟通的五个步骤，识别沟通的主要特征；
- 举例说明赞美的作用，重述赞美点的内容。

能力目标：

- 能耐心且有回应地倾听沟通对象的讲话，保持良好的沟通情绪；
- 能设计沟通方案，执行沟通的五个步骤，配合肢体动作，选择赞美切入点，完成一次有效沟通；
- 能运用赞美的技巧，执行一次赞美；
- 能运用说服的方法完成一次说服表达，运用拒绝的方法完成一次拒绝表达。

行为养成目标：

- 能够耐心地听完某个自己并不感兴趣的话题，并理解陈述者陈述的内容，同时可以描述陈述者做此番陈述的原因。
- 分别与一名最熟悉的同学和一名陌生的同学沟通，在沟通过程中对其进行赞美，让对方获得愉悦感。
- 说服一名懒惰的同学，使他能够自觉坚持每天早上锻炼身体；拒绝一名同学的借钱要求，而不会让同学关系尴尬。

重点难点

- 掌握避免进入倾听误区的方法、沟通的主要特征、说服和拒绝的技巧；
- 学会与陌生人或观点不同的人沟通并取得良好效果。

任务一 会听才会说

情景导入

小徐是某职业院校的一名优秀毕业生，在重汽销售公司销售部工作。前一段时间，他经朋友介绍拜访了一位曾经买过其公司汽车的客户。见面时，小徐照例先递上自己的名片："您好，我是重汽销售公司的销售员，我叫……"

才说了不到几个字，该客户就以十分严厉的口气打断了小徐的话，并开始抱怨当初买车时的种种不快。例如：服务态度不好、报价不实、内装及配备不对、交接车的时间等待得过久……

客户在喋喋不休地数落着小徐的公司及当初提供服务的销售员。小徐只好静静地站在一旁，认真地听着，一句话也不敢说。

思考与讨论：

（1）从案例中你能够获得哪些信息？你预测结果会如何？

（2）如果你是案例中的销售员，在面对这样的情况时，你会如何解决？

知识精讲

倾听为什么重要？在多重的人际关系中，说与听是连接并维系双向关系的重要纽带。被倾听就是被认可，也就是我们的表达在别人身上得到反馈，这使我们的感觉、行动及用心有了意义。如果一个人在说话时没有人听，那么说话者便无法达成传递想法与表达情感的目的，在说话者的心中就会产生被拒绝、被忽视的挫败感。

倾听是一种礼貌，是一种尊敬讲话者的表现，既是对讲话者高度的赞美，更是对讲话者最好的礼遇。每个人都希望获得别人的尊重，受到别人的重视。当我们专心致志地听对方讲，努力地听，甚至全神贯注地听时，对方一定会有一种被尊重和重视的感觉，双方之间的距离必然会拉近。

一、倾听的含义

倾听是接收口头及非语言信息，确定其含义和对此做出反应的过程。由此可以看出：（1）倾听是信息的重要来源；（2）倾听有利于知己知彼；（3）倾听有利于获得友谊和信任；（4）倾听是最有效的推销手段之一。

二、倾听的类型

从倾听的效果上，可以将倾听分为以下类型：

（1）听而不闻。其表现为倾听者心不在焉，别人讲别人的，自己想自己的。

（2）选择倾听。其表现为倾听者只对自己感兴趣的部分予以倾听，其他部分则不理不睬。

（3）专注倾听。其表现为倾听者认真倾听所有的信息。

（4）有效倾听。其表现为倾听者主动地参与沟通，聚焦于讲话内容，把注意力从自己转移至讲话者，不带偏见，不做预先判断，积极反馈，使讲话者从倾听者的参与中获得鼓励。

三、有效倾听的方法

通过有效倾听，倾听者不仅能捕捉完整的信息，注意对方肢体语言和语调中隐含的信息，还能真实、全面地理解讲话者的意见和需要，觉察讲话者所要表达的情感。有效倾听的方法如下：

（一）排除干扰

在倾听时，倾听者要排除干扰，不要让噪声、认知和情绪影响倾听的效果。倾听者不仅要听到对方所说的内容，还要听清楚对方所讲的中心思想，关注内容，捕捉要点。

（二）身体参与

倾听者对对方的讲话要给予积极的回应，如赞许地点头、关注的目光、对谈话感兴趣的表情、微笑等。

（三）语言参与

在对方讲话的过程中，倾听者要适当地表示理解，如“对、是这样、有道理”等；对于有疑问或没有听清的地方，倾听者要及时提问，如“你刚才说的是……”“你的意思是……”“有一点我不清楚，你能再解释一下吗”“能举个例子吗”“后来怎么样”等。

（四）同理心倾听

良好倾听的要素是同理心。当我们搁置对自己的过度关注，进入他人的经验世界时，才可能达成同理心。同理心有一部分是先天的直觉，而有一部分则要经过后天的努力，这是人际关系的诀窍。

倾听者的同理心，是领会他人说的是什么，再表现出这种理解。它架起了解的桥梁，让我们与愿意倾听和关心我们的人相连，由此证实我们的感受是合理的、是被认可的。

要做到同理心倾听，倾听者要掌握以下技巧：

（1）全神贯注地听，不可随便打断对方。

（2）控制自己的情绪，等别人说完再下结论。

（3）充分理解对方之后，判断对方的需要。

（4）找出问题的关键，尽量从对方的立场和感受出发提出解决方案。

四、倾听的障碍

倾听的障碍有主观和客观之分。

（一）主观障碍

在沟通过程中，造成沟通效率低下的最大原因在于倾听者本身。研究表明，信息失真主要是在理解和传播阶段，归根到底在于倾听者的以下主观因素：

（1）倾听者过于自我；

（2）倾听者怀有偏见；

（3）倾听者急于表达自己、说服对方；

（4）倾听者急于结束谈话。

拓展阅读：

10个良好倾听习惯

（二）客观障碍

不同环境中的客观障碍见表 5-1。

表 5-1 不同环境中的客观障碍

环境类型	封闭性	氛围	主要障碍源
办公室	封闭	严肃、认真	心理负担、紧张、电话打扰
会议室	一般	严肃、认真	对在场的他人顾忌、时间限制
现场	开放	较认真	外界干扰、事前准备不足
谈判	封闭	紧张、投入	对抗心理、想说服对方
讨论会	封闭	轻松、投入	缺乏洞察力
非正式场合	开放	轻松、散漫	外界干扰、易走神

活动体验

活动：倾听能力测试

听“纸”说完

下面老师会一次性陈述 18 个问题，请同学们在 2 分钟内答完，请不要因为追求速度而忽视了质量，2 分钟后停止作答。

（1）请在纸的右上角写下你的姓名；

（2）请在纸的左上方写下今天的日期（格式为：×××× 年 ×× 月 ×× 日）；

（3）请在左上方日期下面写下“你现在的住址”；

（4）请将你的名字圈起来；

（5）请在纸的左下方画三个正方形；

（6）请在每个正方形里画上加号；

（7）请在每个正方形旁边画三个等边三角形；

（8）请将每个三角形圈起来；

（9）请写下你的年龄，乘以 24，再加上 100，结果乘以 365，请在纸的右下方写下你计算的最终结果；

（10）请在纸的背面写下你最喜欢的一首诗；

（11）请在纸的左下方你计算的数字上面写下背面你写的诗的作者；

（12）请在作者后面写下作者所处的朝代；

（13）请在纸的最上方写下你现在或最近正在看的一本书；

（14）请在纸的右侧竖排写下你最喜欢的电视剧的名称；

（15）请在纸的左侧竖排写下你最喜欢的电影的名称；

（16）请与你左右位置的同学握手；

（17）请认真阅读以上内容，如已阅读完毕请只做前四道题；

（18）请将以上部分自 17 题以上对折放好，答题完毕。

参考解析

你顺利完成了“听力测试”吗？如果没有，请总结一下未完成的原因有哪些；如果顺利完成，请与大家分享一下成功的经验。

1. ______________________________

2. ______________________________

3. ______________________________

自我评估

倾听对照练习

请按照表 5-2 的内容与自己的倾听习惯进行对照练习，以训练自己形成良好的倾听习惯。

表 5-2　好的倾听者与差的倾听者

好的倾听者	差的倾听者
适当使用目光接触	打断讲话者（不耐烦）
对讲话者语言和非语言行为保持注意和警觉	不保持目光接触（眼神游离）
容忍且不打断（等待讲话者讲完）	心烦意乱，不注意讲话者
使用语言和非语言表达来表示回应	对讲话者不感兴趣
用不带威胁的语气来提问	很少给讲话者反馈或没有反馈
解释、重申和概述讲话者所说的内容	改变主题
提供建设性反馈	做判断
移情（达到理解讲话者的作用）	思想封闭
显示出对讲话者外貌的兴趣	议论太多
展示关心的态度，并愿意倾听	自己抢话
不批评、不判断	给不必要的忠告
敞开心扉	忙得顾不上听

任务二 对话

情景导入

张建是某职业院校汽车检测与维修技术专业的毕业生，毕业后不久就成为润华汽车特约维修中心的客户经理。最近一段时间，他正在通过电话回访进行客户满意度的调查。今天早上他一到公司，就开始了电话回访。

［场景一］

“是陈强吗？”

“我是，哪位？”

“我是润华汽车特约维修中心的。”

“有事吗？”

“是这样，我们在做客户满意度的调查，想听听您的意见。”

“我现在不太方便。”

“没有关系，用不了您多少时间。”

“我现在还在睡觉，您晚点打过来好吗？”

“我待会也要出去啊，再说这点几点了，您还睡觉啊，这个习惯可不好啊，我得提醒您。”

“我用得着你提醒吗？你两个小时后再打过来。”

“您还是现在听我说吧，这个对您很重要，要不然您可别怪我。”

客户挂断了电话。

［场景二］

“您好，请问是陈强先生吗？”

“我是，哪位？”

“您好，我是润华汽车特约维修中心的客户经理，我叫张建。”

“有事吗？”

“是这样，您是我们公司的老客户，为了能为您提供更好的服务，我们现在在做客户满意度的调查，想听取一下您的意见，您现在方便吗？”

“我现在不太方便。”

“噢，对不起，影响您工作了。”

“没有关系。”

“那您看您什么时候方便呢，我到时候再给您打过来。”

“噢，你中午再打吧。”

“噢，那不会影响您吃饭吗？”

“你十二点半打过来就可以了。”

“好的，那我就十二点半打给您，谢谢您，再见！”

思考与讨论：

（1）试着分析上述两个场景，你有哪些收获？

（2）请评价上述两个场景，并陈述你的理由。

知识精讲

沟通是人与人之间、人与群体之间思想与感情的传递和反馈的过程，通过这个过程达到思想统一和感情通畅。面对面沟通、电话沟通都是人们日常生活中常用的、有效的沟通方式。通过听对的声、说对的话，人们最终达成预期的沟通目的。

职场沟通可以分为面对面沟通和电话沟通。这两种沟通方式均可以让一个人从对方的有声语言中和身体语言中获得信息，使得信息、思想和情感得到充分交流。职场沟通可以实现双方的即时交流，使一方迅速得到另一方的反馈信息，以便做进一步的、深层次的交流。此外，在沟通时，倾听者可以即时提问，以澄清含糊的情况，减少误解，实现快速、有效的沟通。

一、沟通的目的

（1）传递信息，如通告、传达等；

（2）寻求观念和行为改变，如劝告、训导等；

（3）做出决策，如招聘面试等；

（4）解决问题，如绩效评估、纠正等；

（5）探求新信息，如民意测验、调查研究、咨询等。

二、沟通的步骤

（一）沟通准备

这一步骤的主要内容包括：明确沟通的目的，了解沟通的对象，确定沟通的地点和时间，考虑沟通的内容，把握沟通的方式。

（二）营造气氛

这一步骤的主要内容包括：简要概述面谈者自身所面临的问题；就某个问题征求意见或寻求帮助；向沟通对象列举出建议及解决问题的办法；以引人注目的开始打开话题；不谈问题本身而谈其背景；说出自己所代表的组织、公司或团体；明确占用对方多少时间；表述要明确，以提问为先导。

（三）阐明目的

除非由于某些特殊原因有意不向面谈对象透露这些信息，否则，就要在开始阶段阐明面谈的目的。

（四）交流信息

交流信息是面谈的关键，占据约 90% 的时间，主要用于获取信息、传递信息和阐明信息。

（五）结束面谈

在结束面谈时，双方应该对面谈的内容作简要归纳，这样有助于确认面谈双方对问题的理解与认识，提高所获信息的准确性，从而有效避免误解。

三、沟通的主要特征

（1）沟通行为的主动性；
（2）沟通对象的多样性；
（3）沟通过程的互动性；
（4）沟通目的的双重性。

四、沟通的技巧

优秀的沟通者能够主动地选择沟通对象，不断地调整从而与多样性的对象建立共鸣，能够引导对方在设定的沟通逻辑下进行互动，并且在这个过程中让参与沟通的各方受益。

（一）平视对方

沟通者既要讲究语言的互动，又要进行视觉的交流。平视对方是指沟通双方能够在同一视线区域内沟通，沟通时尽可能将视线调整到相同的高度。这样不仅体现了沟通双方的良好状态，而且有利于建立起沟通双方的平等意识，使沟通的发起者与接受者均不会产生不适的感觉。沟通双方的眼神能够直观地反映双方的情绪，是反映沟通效果的第一信号，因此，沟通时保持平视的视线位置是沟通者需要具备的基本功。

（二）双手打开

面对面沟通时，无论是坐姿还是站姿，沟通者双手的位置至关重要（见图 5-1）。心理学家认为，抱臂行为在多数情况下反映出一个人对外界的防御心理。实际上，在沟通过程中如果一方存在防御心理，那么双方很难建立起高质量的沟通。因此，沟通时双手打开，既表现了沟通者的诚意，又体现了沟通者的平和心态与良好的包容心。这是构成高效沟通的重要因素。

（三）身体前倾

沟通时，身体的位置是沟通双方对于沟通话题是否感兴趣的表示。当说话者与倾听者的身体位置均表现出前倾动作时，则表示双方对于当前沟通的对象与讨论的

图 5-1　双手的位置（坐姿）

话题表现出浓厚的兴趣，希望能够继续交谈。

（四）微笑

恰到好处的微笑使人愉悦、感动，让沟通对方获得信心、得到安慰；气氛不佳的微笑不仅会打击、伤害对方，而且会摧毁对方的兴趣和信心。在人际沟通中，微笑是非常有效的“武器”，微笑传递的信息要大于语言带来的信息。

在日常人际交往中，适合微笑的场合包括初次见面、寒暄、问好致意、说开场白、告辞、邀请和请求对方，以及询问和征求对方的意见等。

除表示友好、热情、肯定、赞同等之外，微笑适合于特殊

拓展阅读：

说话的技巧

情况。对于一些复杂的情况、复杂的情绪和难以言说的情感，运用语言表达会显得乏力苍白、力不从心。在这种情况下，微笑是最好的表达方式，既能表达我们的态度，也不会让对方感到不快。例如：在不方便发表意见的情形下，我们可以用微笑来表示无法言说的态度；在被逼迫的情形下，我们可以用微笑来应付和抵挡对方。在人际沟通中，微笑有助于化解很多紧张和复杂的困局。

活动体验

（1）信息传递过程中产生误差的原因有哪些？

（2）你有哪些活动体会？

活动一：游戏——“说好话”

活动物品：

将 PPT 打印成文件。

活动时间：

5 分钟。

活动场地：

教室或活动室均可。

活动过程：

（1）每小组组长带领组员，要求每组成员复述以下内容——“说好话，说话好，好说话，好话说，话说好，话好说”。

（2）小组成员归纳出每三个字的含义，并汇总成小组陈述。

活动二：游戏——“悄悄传话”

活动时间：

10 分钟。

活动场地：

教室或户外广场。

活动过程：

（1）教师将学生分成若干组，人数不限，每组人数相同。

（2）每组学生从前向后纵向排列。

（3）每组从教师处获得信息条，从前面第一个成员开始，一对一用说悄悄话（说话时，不能让其他成员听到）的方式依次向后面传话。

（4）每组最后一个学生将自己听到的那句话在全体学生面前大声复述。

总结分享：

（1）信息传递过程中产生误差的原因有哪些？

（2）你有哪些活动体会？

自我评估

测试你的沟通能力

请选择合适的选项。

1. 星期一的早晨，闹钟响了，你必须起床去上班。你一般是怎样起床的？( )

a. 其实闹钟对我来说并没有太大意义，早在闹钟响之前，我就已经醒了

b. 我从来不会让自己陷入一团糟之中，每天我都会定好闹钟，以便自己有足够的时间梳洗，并保证上班不迟到

c. 还是很想睡，任由闹钟响，在床上再躺一会儿

2. 你的老板想让你和他一起出差，你会有什么样的反应？( )

a. 这是一个多么好的机会啊！这是老板对我工作的肯定，我会让所有同事都知道这个消息的

b. 先检查一下，看时间是否与自己的日程表安排有冲突，然后具体安排工作进度

c. 赶快去买几件时髦的职业套装，至于其他东西，就只好少带一点儿了

3. 下面这三种颜色中，你最喜欢的是哪一种？( )

a. 黄色　　b. 蓝色　　c. 玫红色

4. 你正在和一个怒气冲天的客户通电话，这时候，你的老板突然过来了。你会：( )。

a. 立刻把客户的电话转给一个关系很熟的同事，或者对客户允诺五分钟之后再打给他

b. 太棒了！这是个好机会，我会立刻让老板知道，我每天的工作是多么有难度，要面对的都是些什么样的人

c. 心里免不了七上八下起来，但是在老板面前，我不能显示出我的弱点，我一定要保持冷静

5. 你在家里的兄弟姐妹中排行第几？( )

a. 我是最大的（或者最小的）

b. 我排行中间

c. 我是独生子女

6. 走神了一小会儿，结果晚饭煮糊了。碰到这种意外情况，你会有什么样的反应？( )

a. 我不会一筹莫展，我会叫外卖

b. 从冰箱里找点儿东西吃，冷的也无所谓，将就一回

c. 好机会，终于有借口打电话约朋友出来一起去撮一顿了

7. 你的老板又给你安排了一堆额外的工作，这已经不是第一次了，你心里会怎么想？( )

a. 他老是这么盯着我不放，哎，可是我没办法说不

b. 我可以想办法把工作转交给其他人做

c. 我觉得很高兴，因为这说明老板信任我

8. 你刚刚参加完一次面试，而且觉察到面试官对你的感觉非常好，你现在会做什么？（　　）

a. 马上打电话给最好的朋友，告诉她这个好消息

b. 我现在还不会告诉别人。因为只有当我真正得到了这份工作的时候，我才会让别人知道

c. 写一封感谢信给面试官，告诉他我对这次面试感觉有多么好，以及如果得到这份工作，我将会多么高兴

9. 某个悠闲的时刻，你躺在一片草坪上，仰望着蓝天上飘过的白云。你这时一般在想什么？（　　）

a. 想起我最爱的那些人

b. 什么都不想

c. 让自己的思维随意驰骋，同时欣赏天上的白云构成的美丽图画

10. 你的公司要举行一场草地派对，你也要参加，你会穿什么？（　　）

a. 穿一条漂亮的裙子

b. 在这种场合，我一向喜欢穿优雅而轻便的裤装

c. 噢，这么轻松的场合，我终于有机会穿我那件嬉皮风格的外套了

11. 又到了和同事们一起吃午饭的时候了，挑选座位的时候，你会坐在哪个人旁边？（　　）

a. 我会尽量找机会坐在部门主管旁边，这种时候是增进交流的好机会

b. 我当然会和那个平时与我关系最好的同事坐在一起，我们俩在一起会有更多的共同话题

c. 他们都出去的时候，我会留在位子上打电话。我一般都会去得晚点儿，或者干脆一个人出去吃饭

12. 终于又到周末了，你都安排了哪些计划？（　　）

a. 我已经准备好羽毛球拍，在体育馆预订好位置了。不过我也有可能去酒吧里听听音乐，放松一下

b. 去美容院做美容，弄个新发型，逛街，与朋友聚会，去旅游放松……

c. 我会带一部分工作回家，这样星期一我就可以胸有成竹了

评估标准：

1. a（□）b（○）c（△）
2. a（○）b（□）c（△）
3. a（△）b（□）c（○）
4. a（○）b（△）c（□）
5. a（□）b（○）c（△）
6. a（○）b（□）c（△）

7. a（△）b（□）c（○）
8. a（○）b（△）c（□）
9. a（○）b（□）c（△）
10. a（○）b（□）c（△）
11. a（□）b（○）c（△）
12. a（△）b（○）c（□）

结果分析：

根据你的答案，统计相对应的圆形、三角形和正方形各有多少。哪种图形获得的票数最高，就说明你的沟通方式倾向于属于该图形相对应的那一类人。

○团队工作者

你待人很真诚，也很愿意帮助别人，因此能营造和谐的工作气氛。你喜欢和同事们一起工作，因为你发现，最好的创意总是在和同事沟通时闪现出来的。此外，与团队一起工作能让你感到心安，因为并不是你一个人来承担全部责任。

这样能够激发你的潜能：你的谈话常从一个话题跳到另一个话题。因为切实地处理某个项目并不是你的强项，所以你的许多好主意最后都没能付诸实践。

下面的小练习可以增强你的逻辑性：阅读侦探小说；将目标简化概括为树状图，从而找到切实实现目标的路径；及时记录好的创意。此外，你有时太过于把批评放在心上。你应放轻松些，好好分析一下那些批评的话，然后找出自己应该改正的地方。

□含蓄内敛者

你看上去很含蓄内敛，给人的感觉是“很难一眼看透”。你不太喜欢成为众人瞩目的焦点，而是情愿隐身于幕后。此外，即使在困境中，你也能保持清醒的头脑，并为自己的团队贡献一份力量。

这样能够激发你的潜能：有说服力地阐明一个复杂的事实对于你来说并非难事。然而，自发随意地与人轻松聊天却是你的大难题。

平时，你不妨多做联想练习：假设你正站在一座花房中，想象每朵花的具体形状与细节。你应学会联想，并学会表达自己的情绪。首先从朋友聚会开始练习，自然地表达自己的沮丧与快乐情绪，之后你就能在团队中感到更轻松。

△实事求是者

一个客户跑了？对你来说，这却标志着乐趣的开始。你会动用所有交际手段来说服他改变主意。你是个很有创造力的人，喜欢按自己喜欢的方式行事。

这样能够激发你的潜能：当你认定一个主意时，你会运用言语上的天赋尽力说服其他人也接受你的看法。然而，在日常生活中，你最大的缺点是缺乏耐心。如果某个同事不能马上明白你要表达的事物，你就会神经紧张。所以你要当心了，别人很容易认为你是个傲慢的家伙。

尝试着多给其他人一些关心，这样会让你在团队中更容易成功。你可以在谈话之前先做一些准备：找一些事实型论据，并设想一下别人可能会提出什么样的问题，准备好答案。当讨论陷入僵局时，你也应该注意保持耐心，深呼吸，保持冷静。

任务三 职场“好声音”

情景导入

王某与李某是某职业院校的应届毕业生，两个人在校期间都在学生会工作，两人是好朋友。校外实习之后，两人商议想先去小公司锻炼一下，学习一些经验，为将来自己创业做准备。两人一同进入一家专业的汽车生活媒体。经过一段时间的工作，两个人都很努力，而王某因各方面表现都相对突出，经常受到公司上层管理者的赞赏，李某心里有一些不服气。之后的一段时间，李某在工作中没有之前那么积极了，话也渐渐地少了，工作效率和工作质量也产生了明显的波动。作为多年的同窗好友，王某明显察觉到了李某的变化，他心想不能这样看着李某自暴自弃，决定帮帮这位好朋友……

思考与讨论：

（1）从案例中你能够获得哪些信息？请预测结果会如何。

（2）如果你是案例中的王某，面对这样的情况时，你会如何解决？

知识精讲

赞美的力量是无穷的，它能改变一个人的自我评价，令人重拾信心和希望，产生进取的力量，乃至改变人的一生。赞美是一种激励，可以使人信心十足。不要吝啬你的赞美，每个人身上都有闪光点，去发现并赞美别人的同时，你会发现你会变得快乐，你的生活也会改变。

一、赞美的作用

一个人具有某些长处或取得某些成就，需要得到他人的认可。如果你能以诚挚的敬意和真心实意的赞扬满足对方的自我需求，那么对方就会变得通情达理、乐于协作。

（1）赞美能激发他人满足自我的强烈需求。

（2）赞美可以让赞美者获得良好的人际关系，有助于增强人际关系。

（3）每一次赞美别人时，不仅令被赞美者获得快乐，而且会使赞美者获得满足。

（4）赞美能够触动赞美者自身对美德或事物的向往，可以激发其自我反思和改进，从而实现自我提升。

二、赞美的技巧

（1）态度要真诚；

（2）内容要具体；
（3）时机要恰当；
（4）方式要因人而异。

三、赞美的方法

（1）肯定赞美法。通过寻找赞美点（见表 5-3），肯定别人的优点来表达对他们的赞赏。

表 5-3 赞美点

赞美点	举例	别称
外在的、具体的	穿着打扮（服装、领带、手表、眼镜、鞋子等）、头发、身体、皮肤、眉毛等	硬件
内在的、抽象的	品格、作风、气质、学历、经验、心胸、兴趣爱好、特长、处理问题的能力等	软件
间接的、关联的	籍贯、工作单位、邻居、朋友、职业、使用的物品、养的宠物、下级员工等	附件

（2）直言赞美法。用直接、明确的语言来表达对别人的赞赏。
（3）间接赞美法。通过第三方的口吻或行为来表达对别人的赞美。
1）背后赞美别人效果更好；
2）运用第三者赞美，对方更容易接受；
3）赞美事实而不是人。
（4）意外赞美法。在别人意想不到的时候给予赞美，让他们感到受到关注和重视。
（5）目标赞美法。通过设定目标来表达对别人的赞美。

四、培养赞美他人的习惯

（1）模拟想象；
（2）文字演练；
（3）模拟练习；
（4）选定即将赞美的对象；
（5）勇于实践。

活动体验

活动一：游戏——我身边的“独一无二”

活动目的：

（1）通过游戏培养学生从积极的角度看待自己，用积极的话语传递个人的整体形象。

（1）自我介绍时，你是不是很容易就会说自己的缺点？这说明了什么？

（2）你是如何将对方的自我介绍长度精简为1分钟的？你抓住伙伴最出色的特点了吗？

（3）当别人以欣赏的方式介绍你时，你的感觉如何？

（2）培养人们用积极的话语表达别人的优点，增强人际关系。

活动形式：

分组进行，每组2人。

活动场地：

教室或活动室均可。

活动物品：

每人一张A4纸。

活动时间：

10～15分钟。

活动过程：

（1）两人小组中，自行制定标准并分配A、B角色（如按身高、体重等）。

（2）A先向B介绍自己是一个怎样的人，B在纸上记下A所说的特质，时间为3分钟。

（3）采访规定：在做自我介绍时需要用积极的话语介绍自己。如果说了自己的一个缺点，那么必须再说自己的一个优点。时间到，角色互换。

（4）请所有人重新按照之前的组围坐在一起。

（5）请刚才互相采访的人，向大家介绍自己的伙伴，时间为1分钟。

（6）介绍的时候，按"×××是我身边的'独一无二'，因为……"这种模式进行。

总结分享：

（1）自我介绍时，你是不是很容易就会说自己的缺点？这说明了什么？

（2）你是如何将对方的自我介绍长度精简为1分钟的？你抓住伙伴最出色的特点了吗？

（3）当别人以欣赏的方式介绍你时，你的感觉如何？

活动二：游戏——“一封‘情书’”

活动目的：

（1）通过游戏获得赞美他人和他人赞美的直观体验。

（2）通过赞美游戏改善人际关系。

活动形式：

无须分组，学生以个体参加游戏。

活动场地：

教室或活动室均可。

活动物品：

三张 A4 纸。

活动时间：

10 ～ 15 分钟。

活动过程：

（1）发给每名学生三张 A4 纸。

（2）每张纸都进行对折后一分为二撕开。用其中的一半做一个信封，总共做三个。

（3）从在场的学生中选择三名学生，这三名学生既可以是熟悉的，也可以是相对陌生的。在另一张纸上写下一段真实的赞美对方的话，不要署名。

（4）将纸条放入信封中，把这封“情书”当面交给对方。

（5）随机挑选三名学生，分享拿到的“情书”的内容。

总结分享：

（1）你收到的“情书”中有没有从未听到过的评价？

（2）你在过往的生活中，是否错过了太多给他人赞美的机会？

（3）在未来的生活中，我们应当从哪些方面关注他人，并给予他人本该拥有的赞美？

（1）你收到的“情书”中有没有从未听到过的评价？

（2）你在过往的生活中，是否错过了太多给他人赞美的机会？

（3）在未来的生活中，我们应当从哪些方面关注他人，并给予他人本该拥有的赞美？

一封“情书”粘贴处

自我评估

评估沟通中的赞美能力

请选择合适的选项。

1. 不管有事没事，你喜欢微笑吗？（　　）
   A. 不喜欢　　B. 一般　　C. 常常微笑
2. 如果有人夸奖你，你会有什么反应？（　　）
   A. 对方肯定有求于我
   B. 对方夸奖过头，不好意思
   C. 表示感谢
3. 如果一个人给你看了他的孩子的相片，你会（　　）。
   A. 无声地放回去
   B. 一带而过，借机谈自己的孩子
   C. 夸他的孩子
4. 如果你的朋友升职了，第二天你见到他，你会（　　）。
   A. 和以前一样打声招呼
   B. 表示祝贺
   C. 一定要用新的职务称呼他
5. 如果对方给你递上他的名片，你会（　　）。
   A. 直接装到兜里
   B. 看一看，然后装到兜里
   C. 读出名片上的文字，有不了解的请教对方并适时夸奖
6. 你碰到邻居买了一辆新车，你会有什么反应？（　　）
   A. 视而不见
   B. 看看，然后说“我也要买车了”
   C. 看着他眼睛，真诚地说“我真喜欢你的新车的颜色”
7. 如果你被邀请去参观朋友的住宅、办公室或公司，你会（　　）。
   A. 没反应
   B. 告诉他“我哥哥的房子比这还要好”
   C. 告诉他“真不敢相信你竟有这么豪华的房子”
8. 如果你是老师，学生开口回答问题时信口开河或者逻辑混乱，你会（　　）。
   A. 批评他，让他下次注意思考成熟后再开口
   B. 请他坐下，对其他同学说“让我们听听正确的答案”
   C. 表扬他的勇气，鼓励他再想想
9. 你的好朋友买了一件首饰，她让你做评价，你会说（　　）。
   A. 没什么，我早就买了
   B. 嗯，挺好看的，多少钱啊

C. 非常漂亮，它太适合你的脸型了

10. 你的女朋友烫了发，她问你的看法，你会说（　　）。

A. 太成熟，不适合你

B. 挺好看的，挺适合你

C. 非常适合你，很有女人味

评估标准：

以上题目选 A 得 0 分，选 B 得 1 分，选 C 得 3 分。

结果分析：

如果得分在 25 分以上，说明你是一个懂得赞美并且有很好的赞美技巧的人，你有很好的人缘，大家很愿意和你在一起。

如果得分在 15 ～ 25 分，说明你可能知道在人际交往中需要赞美，但是赞美的技巧需要加强。

如果得分在 15 分以下，说明你是一个自我意识超强的人，可能不怎么在乎别人的感受，要注意改善自己。

任务四 舌尖上的智慧

情景导入

阿森是一名服装设计师，她会将设计的服装草图卖给其他服装设计师或成衣商。三年来，她每个星期都会去北京拜访一位著名的服装设计师。这个设计师从不拒绝见她，但从没有买她的草图。他每次都仔细地看了她带去的草图后，很遗憾地说对不起。

多次失败，让阿森感到自己推销的方式有问题。一次，她带了几张没有完成的草图去见那位设计师。

“我想请您帮个小忙，这里有几张没有完成的草图，您是否愿意帮助我完成，以符合你们的要求？”

设计师看了看草图，然后说：“你把草图放在这里，几天后来找我。”

三天后，阿森去见设计师，听了他的意见，把草图带回去，按照设计师的意见修改了草图。结果，设计师购买了这些草图。

“我一直希望他买我提供的东西，这是不对的。”阿森后来总结说道：“他提供了意见，他就是设计者，是他买了自己设计的东西。”

思考与讨论：

（1）从案例中能够获得哪些信息？

（2）请试着分析阿森这样处理的理论依据是什么。

知识精讲

说服与拒绝是人们沟通与交流的重要功能和目的。在学习、工作和生活中，我们常常希望将自己的观点、想法和思路准确、有效地传达给某些人，并且需要对方能够接受我们的意见或建议，然后付诸实施。这个过程就是说服。与这个过程反向的行为则是拒绝。

一、说服的原则

（1）用真诚、可靠、权威、魅力来建立信任感；
（2）打造信息内容，利用真理的力量，晓之以理；
（3）关注说服方式，依靠情感的力量，动之以情；
（4）了解说服对象，感同身受，运用同理心。

二、说服的方法

（1）学会提问，运用苏格拉底式提问法。
1）先从简单的问题开始问起；
2）要问让对方回答“是”的问题；
3）要问二选一的问题，以对方的认识为起点，强调给对方带来的收获。
（2）模仿对方，寻找相似点。
（3）名言支持法。
（4）“使人信”五步定式：
1）简洁地告诉对方某方面存在严重的问题或状态；
2）帮助对方分析该严重问题产生的原因；
3）帮助对方尽可能全面地收集解决问题的办法，并适当引出自己的观点；
4）帮助对方依次分析和斟酌可能的解决方法；
5）使对方认可并接受其中最理想的解决方法，即你认为最正确的方法。
（5）暗示说服法。
（6）对比说服法。

三、拒绝的方法

（1）直接分析法；
（2）巧妙转移法；
（3）微笑打断法；
（4）拖而不办法；
（5）李代桃僵法。

四、拒绝的步骤

（1）放下手中的事情，认真倾听；
（2）认可对方的感受，表示理解；
（3）说些体谅或者赞赏的话，暂不表态；
（4）态度真诚，语速缓慢；
（5）事后保持热情、体贴。

拓展阅读：
说“不”的艺术

活动体验

（1）为什么会这样设计拒绝方案？

（2）运用了哪些拒绝技巧？

活动：情景再现——沟通过程中的拒绝技巧

活动形式：
以小组为单位。

活动物品：
情景导入材料。

活动时间：
10 ～ 15 分钟。

活动场地：
教室或活动室均可。

活动过程：

（1）每组根据提供的情景导入材料展开小组讨论，完成拒绝方案的设计。

（2）进行角色扮演，演绎沟通中拒绝的过程。

［情境导入材料（参考）］

1. 小李经常向同宿舍的舍友借钱，少则三五十元，多则三五百元。到了该还钱的时候，他会找各种理由推延。最后舍友都不再愿意借给他钱。这天，小李找到了隔壁宿舍的小宋，准备向他借两百元钱。如果你是小宋，你会如何拒绝小李？

2. 小张虽然刚上大一，但是对学业有清晰的规划。他计划到大三的时候参加专升本考试。小张偶尔也会打游戏放松一下，但并不沉迷。这天，小张刚要准备去图书馆上自习，舍友组队打团战就缺一个人，想叫着小张一起组队打一局游戏。如果你是小张，你该如何拒绝？

3. 大学生小兰待人友善，平日里跟同学们相处得很好，在班级担任生活委员一职。有一天，同班同学大刚对小兰表白了。面对同学的表白，小兰并不想接受，但是又不想伤害同学关系，该怎么办呢？

4. 小琪是个热心肠，平时会帮同学拿快递、代买饭。可日子久了，不免有人开始有意指示小琪干这干那。有时候小琪帮同学买了饭，该同学还故意不给钱。小琪的一颗热心肠被凉水浇了个透心凉。她该如何拒绝这种“帮忙”呢？

总结分享：

（1）为什么会这样设计拒绝方案？

（2）运用了哪些拒绝技巧？

自我评估

评估说服力

请选择合适的选项。

1. 在说服他人时你是否经常使用第二人称（您、您的、你们）而避免使用第一人称（我、我的、我们）？（　　）

A. 从来不　　B. 偶尔　　C. 经常　　D. 总是

2. 你是否能避免使用那种陈词滥调和缺乏激情的问候而代之以更有说服力的语言？（　　）

A. 从来不　　B. 偶尔　　C. 经常　　D. 总是

3. 你是否避免使用一些陈旧的用语，诸如“无法置信”“令人敬畏”“我们私下里讲”“这是千真万确的”“您理解我的意思吗”？（　　）

A. 从来不　　B. 偶尔　　C. 经常　　D. 总是

4. 你是否能使用价值判断的短语和句子，诸如“您应该”“您必须”？（　　）

A. 从来不　　B. 偶尔　　C. 经常　　D. 总是

5. 你是否避免使用那些没有意义的句子，诸如“您今天感觉如何”“您现在怎么样”“天气真好啊”？（　　）

A. 从来不　　B. 偶尔　　C. 经常　　D. 总是

6. 你是否能避免冒着中断关系的危险来赢得一次无谓的争论？（　　）

A. 从来不　　B. 偶尔　　C. 经常　　D. 总是

7. 在得出结论之前你是否完全领会了对方的意思？（　　）

A. 从来不　　B. 偶尔　　C. 经常　　D. 总是

8. 你在说服别人时，是否能避免过多谈论关于自己知道的事？（　　）

A. 从来不　　B. 偶尔　　C. 经常　　D. 总是

9. 你在说服别人时，是否能保持足够的耐心？（　　）

A. 从来不　　B. 偶尔　　C. 经常　　D. 总是

10. 你是否能避免对那些和蔼和热心的人谈得太多？（　　）

A. 从来不　　B. 偶尔　　C. 经常　　D. 总是

评估标准：

选“从来不”得0分，选“偶尔”得1分，选“经常”得2分，选“总是”得3分。

结果分析：

0～17分：你要彻底改变你和别人的交流方式。

18～22分：你要注意使用更有说服力的语言。

23～25分：你做得不错，要保持下去。

25分以上：你已经掌握良好的说服技巧，毫无疑问，你是一个非常具有说服力的人。

记住，对于得分相对低的问题，请抄下来贴在桌子上，每天看一看，至少持续21天，这样将有助于提高自己，你将意识到自己在哪里需要改进。

项目实训

实训主题： 取得专业机构支持，创造生产条件。

实训形式： 利用前期获得的服务回报，综合运用职业沟通项目中的语言技巧，以产品设计为基础，获得该产品生产所需要的生产资料和技术设备支持。

实训要求：

1. 训练任务最终以获得的生产资料和技术设备支持授权作为结果体现。

2. 注意事项：

（1）生产资料需要满足产品设计的全部需求；

（2）如果产品生产需要技术设备支持，只能通过其他专业机构获得，专业机构不做具体要求，应尽量从校园内的现有资源中选择；

（3）生产资料采购和技术设备支持获得过程中要体现沟通中的倾听、对话、赞美和说服等技术要点的应用。

3. 过程记录：对任务完成过程全程拍摄。

设计方案

培根铸魂

“当今世界的竞争说到底是人才竞争、教育竞争。要更加重视人才自主培养，更加重视科学精神、创新能力、批判性思维的培养培育。要更加重视青年人才培养。努力造就一批具有世界影响力的顶尖科技人才，稳定支持一批创新团队，培养更多高素质技术技能人才、能工巧匠、大国工匠。我国教育是能够培养出大师来的，我们要有这个自信！”这段话出自2021年5月28日习近平总书记在中国科学院第二十次院士大会、中国工程院第十五次院士大会和中国科协第十次全国代表大会上发表的讲话。

当前，世界百年未有之大变局加速演进，新一轮科技革命和产业变革深入发展。我国正处于重要的战略机遇期。加快培养更多高素质技术技能人才、能工巧匠和大国工匠，对于我们加快建设现代化产业体系、增强国家核心竞争力具有重要意义。

实现高质量发展，离不开高技能人才的坚实支撑。党的十八大以来，以习近平同志为核心的党中央高度重视人才工作，技能人才队伍建设进入“快车道”。截至2021年底，我国高技能人才已超过6 000万人，占技能劳动者的30%，是中国制造、中国创造、中国建造的中坚力量。从“神舟飞天”到“嫦娥揽月”，从“天眼探空”到“北斗组网”，再到港珠澳大桥飞架三地、北京大兴国际机场“凤凰展翅”，这些重大成就的取得都离不开大国工匠和能工巧匠们的深入钻研、执着追求。近年来，越来越多的“劳模和工匠人才创新工作室”“技能大师工作室”获命名授牌。它们充分发挥了示范引领作用，推动更多技能大师实践经验及创新成果的传承和推广。

党的二十大报告明确提出：“加快建设国家战略人才力量，努力培养造就更多大师、战略科学家、一流科技领军人才和创新团队、青年科技人才、卓越工程师、大国工匠、高技能人才。”这一重要论断足以说明培养能工巧匠、大国工匠在内的战略人才在我们强国建设、民族复兴道路上的重要地位和紧迫性。我们要始终坚持面向世界科技前沿、面向经济主战场、面向国家重大需求、面向人民生命健康，以国家战略需求为导向，加大人才培养、人才使用、人才激励的体制机制改革力度，不断培养造就更多顶尖科技人才、高素质技术技能人才和能工巧匠，为实现经济社会高质量发展注入不竭动力。

项目六　团队合作

学习目标

知识目标：

- 归纳总结团队合作的意义；
- 列举合适案例阐述团队分工协作的重要性。

能力目标：

- 能迅速建立团队，制订团队分工计划；
- 能识别团队中出现的问题，并提出解决问题的方法。

行为养成目标：

- 在日常工作、学习、生活中具有团队意识，养成良好的适应行为，明确自己在班级、宿舍或学习小组等团队中的个人角色与职责，认真履行职责并配合其他成员完成团队任务；
- 具备互助精神和责任意识，主动与同学、朋友、家人等配合、协作，争取班级、宿舍等团队目标利益最大化。

重点难点

- 认识到团队合作的重要性，能在团队中找对自己的位置，并按团队分工做事；
- 始终将团队利益放在第一位，对于团队中出现的问题持积极态度，努力解决。

任务一　按角色做事

情景导入

王鑫是某大学电气自动化技术专业的应届毕业生，在校期间学习成绩优异，连年获得一等奖学金，有着扎实的理论基础，因多次出色地独立完成实训操作项目，在学校里被冠以“电气小能手”的称号。在别的同学为毕业求职烦恼之时，王鑫早早地就被当地电厂招聘为技术员。

就这样，王鑫带着满满的自信和无比的优越感进入了电厂的电仪工程部门。电仪工程部门下设五个班组，按工作实际负责项目分为：炉控班、厂用班、二次保护班、高压班和实验班。每个班组各配有一名班长和两名技术员。王鑫职业生涯中的第一个工作岗位就是厂用班的电气技术员，负责配电柜等设备的整体安装。王鑫同班组的搭档是一名热工技术员，名叫郭宇，也是一名刚迈出大学校门的应届毕业生，负责具体仪表仪器等元件的安装。为了更好地指导两位新人工作，部门负责人为他们安排了一位已工作多年且经验丰富的李师傅做班长。

没过多久，王鑫就迎来了第一次任务——为3号厂房安装一个新的配电柜。初步看完图纸后，王鑫心中就有了腹稿，这是他在学校进行实训操作项目时曾经独立完成过的配电柜类型，一股能好好表现一番的得意劲浮现在他脸上。随后，班长李师傅交代完王鑫和郭宇注意事项及任务完成时间后，就将现场交给了两个年轻人，让他们自己沟通协商具体实施方案和各自需要的时间进度。当郭宇主动找王鑫进行沟通时，王鑫潇洒地大手一挥说：“不需要那么麻烦，你看着我来做就可以了。”在余下的任务实施阶段，王鑫大包大揽了所有工作，完全按自己的思路安装。每当郭宇想要着手自己的工作或者表达自己的诉求时，王鑫总是大手一挥说：“这么简单的工作我自己就可以完成，你不用管了。”然后便埋头干活儿，不再与郭宇进行任何交流。

思考与讨论：

（1）假设你是郭宇，当有人大包大揽了你分内的工作，不给你展示自己才能和锻炼实际应用能力的机会，只让你当旁观者，每当你试图与对方交流并提出意见或建议时，对方总是跟你说“你不用管了”，你会是怎样的心情和感受？

（2）假设你是王鑫，若此次任务由你一人顺利完成，并且因工作出色得到了领导的称赞。而郭宇因无实质工作内容而受领导冷落，自此对你产生成见，在以后的工作任务中都撒手让你一人完成，不做任何分担，也不给予任何帮助。长此以往你会是怎样的心情和感受？

（3）假设你是班长李师傅，看到两个刚踏上工作岗位的年轻人，一个自信心爆棚，觉得自己什么都行、什么都能干，比其他人都优秀，不需要任何人的协助；一个谦虚、谨慎地听老师傅的教导，按岗位职责分工进行工作，任务进行前总是先与各位同事沟通、协商再实施。你会比较喜欢哪个年轻人，并且愿意将自己在工作中多年的所学所得传授给他？

知识精讲

一个人不可能单独地在社会中生活，人与人之间的合作是群体生存和发展的动力，同时也是个人不断进取的捷径。每个人都有自己的弱势和缺点，同时具有值得称道的地方。团队成员只有将各自的优势组合起来，才能更加顺利地完成任务。合作不仅可以给成员智慧和力量，而且可以使成员体会到与人分享胜利的喜悦，感受到遇到困难时同伴给予的鼓励和温暖。

一、团队及团队合作的含义

在行业、职业和岗位分工日益明确，对能力要求日益精细化的当今社会，靠单打独斗取得成功变得越难。每个人都存在缺陷，只有在团队中，个人的缺陷才能得到弥补和避免。从个人成长的角度来看，一个人只有拥有团队合作精神和合作能力，在良好的社会氛围中，个人的成长才会更加顺利。

1994 年，组织行为学相关学者首次提出了“团队”的概念：为实现某一目标而由相互协作的个体所组成的正式群体。团队是指为了一个共同的目标而在一起工作的一些人组成的协作单位。此后，很多研究人员对团队的理论不断完善，团队合作的理念也越来越受到人们的青睐。

团队合作是指一群有能力、有信念的人在特定的团队中，为了一个共同目标互相支持、合作、奋斗的过程。团队合作精神是一种为达到既定目标所显现出来的自愿合作和协同努力的精神。它可以调动团队成员的所有资源和才智，并且会自动地消除不和谐和不公正的现象，同时会给予那些诚心、大公无私的奉献者适当的回报。如果团队合作是出于自觉自愿，它必将会产生一股强大而且持久的力量。

拓展阅读：

组建团队合作课程学习小组

二、团队的构成要素

每一个团队都要具备五个构成要素——目标（Purpose）、人员（People）、定位（Place）、权限（Power）、计划（Plan），简称 5P。

（一）目标

团队应该有一个既定的目标，为团队成员导航，让成员知道努力的方向。如果一个团队没有目标，团队成员就不知道如何发展，团队存在的价值可能就要打折扣。团队的目标必须跟组织的目标一致。团队可以将大目标分解成每个团队成员须达成的小目标，成员合力实现共同的目标。企业应有效地向大众传播团队目标，让团队内外的成员都知道这些目标，可以将目标贴在团队成员的办公桌上、会议室里，以此激励所有的人朝目标努力。

（二）人员

人是构成团队最核心的力量。两个（包含两个）以上的人就可以构成团队。由于团队目标是通过人员具体实现的，因此人员的选择是团队工作中非常重要的一项任务。在一个团队中，人员会有不同的分工：有人出主意，有人定计划，有人实施，有人协调，还有人监督团队工作的进展，评价团队最终的贡献。不同的人员通过分工来共同完成团队的目标。组织在选择人员时，要考虑人员的能力如何、技能是否互补、人员的经验如何。

（三）定位

定位包含两层意思：

（1）团队定位。团队定位包括团队在企业中处于什么位置、由谁选择和决定团队的成员、团队最终应对谁负责、团队采取何种方式激励下属。

（2）个体定位。个体定位是指成员在团队中扮演什么角色，是制订计划还是具体实施或评估。

（四）权限

团队中管理者的权限大小与团队的发展阶段相关。一般而言，团队越成熟，管理者所拥有的权限相应越小。在团队发展的初级阶段，管理权是相对比较集中的。

团队权限的大小取决于两个方面：

（1）整个团队在组织中拥有什么样的权限，如财务权、人事权、信息权等。

（2）组织的基本特征，如组织的规模大小、团队成员的数量、组织对于团队的授权大小、业务类型等。

（五）计划

计划具有两个层面的含义：

（1）目标最终的实现需要一系列具体的行动方案，可以将计划理解成目标的具体工作程序。

（2）提前按计划进行可以保证团队的进度顺利。只有在计划的指导下，团队才会一步步地接近目标，从而最终实现目标。

三、明确自己的团队角色

每个团队成员都有自己的个性和特长。团队领导者的领导艺术就在于如何挖掘团队成员的优缺点，根据其个性和特长合理安排工作岗位，使成员间达到互补的效果。

拓展阅读：

从团队角色的作用看《西游记》人物

团队成员如果想要把工作做好，就应知道自己在团队中扮演的角色，并清晰地理解该角色的位置。

（1）具备工作能力且乐于合作。这样其他成员才会明白你所负责的工作在整体工作中的重要性，并能根据工作程序的需要及时做出反应。

（2）认识自己的优势、劣势和性格。这样成员才能最大限度地发挥自己的优势，避免自己的劣势，扬长避短。

（3）找到最佳时机介入团队事务。成员不可能参与团队中的每一件事务并发表意见。对于何时以团队角色的身份出现、何时保持沉默、何时发挥作用，成员应该有清晰的认知。

（4）能在不同的团队角色之间灵活转换。如果团队工作发生变化，成员的角色也应有所转换，成员应主动适应这种变化，不能以不变应万变。

（5）适当限制自己的团队角色。团队利益高于一切，成员应适时地从团队利益出发，调整自己的角色行为。

（6）清晰认知他人的团队角色。成员应经常、及时地与他人沟通，清晰认知他人的角色，有时这比认知自己的角色更重要。

在团队里，每个成员都要有强烈的责任心和事业心，对于团队精心制定的战略要在理解、把握、吃透的基础上，不折不扣、坚定不移地贯彻执行，对于过程中的每一个运作细节和每一个项目流程都要落到实处。此外，成员要明确分段目标和工作指标，这既是确保任务完成质量的关键，又是保证团队执行力的关键。

活动体验

活动一：游戏——爱拼才会赢

活动物品：

海报若干张、剪刀或刀子。

活动时间：

40～50分钟。

活动过程：

（1）学生5人一组，自由组队。

（2）教师将几张海报剪成若干碎片，打乱顺序后分发到各个小组。

（3）各个小组合理安排学生的角色，由一名学生指挥，另一名学生负责到其他组找到本组需要的碎片，组里其他学生担任拼图人员。负责找碎片的学生不能回到本组，而只能在其他组听指挥。除负责指挥的学生外，组内其他成员不允许进行任何的指挥。在20分钟内完成任务的小组获胜。

总结分享：

（1）负责拼图的学生有何感受？

（2）负责找碎片的学生接受的任务是否明确？

（3）负责指挥的学生能否准确地传递信息？

（4）以上三者在整个任务的完成过程中谁的作用更大一些？

（5）优胜组和失败组的成员的感受分别是

（1）负责拼图的学生有何感受？

（2）负责找碎片的学生接受的任务是否明确？

（3）负责指挥的学生能否准确地传递信息？

（4）以上三者在整个任务的完成过程中谁的作用更大一些？

（5）优胜组和失败组的成员的感受分别是怎样的？

体验讨论的基本原则（注意团队中的沟通表达）：

非评价原则：不作评价，只是说自己的感受，而不是解释、推论、演绎、猜测。

尊重原则：尊重每一个个体的价值，并尊重个体及团体本身给整个团体带来的动力。

活动二：分析“活动一：游戏——爱拼才会赢”活动中的团队构成要素

将分析结果填入表 6-1。

表 6-1　“爱拼才会赢”活动中的团队构成要素

目标	团队应该有一个既定的目标，为团队成员导航，让成员知道要向何处去。没有目标，这个团队就没有存在的价值。
人员	人是构成团队最核心的力量。人通过分工来共同完成团队的目标。在人员选择方面要考虑人员的能力如何、技能是否互补、人员的经验如何。
定位	一是团队定位：团队在组织中处于什么位置、由谁选择和决定团队的成员、团队最终应对谁负责、团队采取何种方式激励下属。二是个体定位：成员在团队中扮演什么角色。
权限	一是整个团队在组织中拥有什么样的权限，如财务权、人事权、信息权等。二是组织的基本特征，如组织规模、业务范围等。
计划	目标最终的实现需要一系列具体的行动方案，可以将计划理解成目标的具体工作程序。只有在计划的指导下，团队才会一步步地接近目标，从而最终实现目标。

自我评估

团队角色测试

团队角色模型用以描述各具特征的团队成员角色，借此对团队成员的行为产生更为深刻的认识。团队角色模型通过对团队成员所表现出来的角色特征进行判断，从而辨识出每一个成功团队都必须具备的 8 种角色：塑造者（Shaper）、执行者（Implementer）、完成者（Completer/Finisher）、协调者（Coordinator）、协作者（Team Worker）、资源调查者（Resource Investigator）、创新者（Innovator）、监控/评估者（Monitor/Evaluator）。

情景描述：

说明：对下列问题的回答，可能在不同程度上描绘了测试者的行为。每题有 8 个句子，请将总分 10 分分配给每题的 8 个句子。分配原则是：最体现行为的句子得分最高，以此类推。最极端的情况是 10 分全部分配给其中的某一句话。请根据实际情况选择分数。请注意，每题所选总分不要超过或少于 10 分。

1. 我认为我能为团队做出的贡献是：
   A. 我能很快地发现并把握住新的机遇（　　）
   B. 我能与各种类型的人一起合作共事（　　）
   C. 我一贯爱出主意（　　）
   D. 我的能力在于，一旦发现某些对实现集体目标有价值的人，我就能及时把他们挖过来（　　）
   E. 我能把事情办成，这主要靠我个人的实力（　　）
   F. 如果最终能导致有益的结果，我愿面对暂时的冷遇（　　）
   G. 我通常能意识到什么是现实的、什么是可能的（　　）
   H. 在选择行动方案时，我能不带倾向性、偏见地提出一个合理的替代方案（　　）
2. 在工作集体中，我常常有这样的感觉或者表现：
   A. 如果会议没有得到很好的组织、控制和主持，我会感到不痛快（　　）
   B. 我容易对那些有高见但没有适当地发表出来的人表现得过于宽容（　　）
   C. 只要集体在讨论新的观点，我总是说得太多（　　）
   D. 我的客观看法有时候太不近人情，使我很难与同事们打成一片（　　）
   E. 在一定要把事情办成的情况下，我有时使人感到特别强硬甚至武断（　　）
   F. 可能由于我过分重视集体的气氛，我发现自己很难与众不同（　　）
   G. 我容易陷入突发的想法之中，而忘了正在进行的事情（　　）
   H. 同事认为我过分注意细节，总是有不必要的担心，怕把事情搞砸（　　）
3. 当我与其他人一起进行一项工作时：
   A. 我有在不施加任何压力的情况下，去影响其他人的能力（　　）
   B. 我随时注意防止粗心和工作中的疏忽（　　）
   C. 我愿意施加压力以换取行动，确保会议没浪费时间或离题太远（　　）
   D. 在提出独到见解方面，我是数一数二的（　　）
   E. 对于与大家共同利益有关的积极建议，我总是乐于支持的（　　）
   F. 我热衷寻求最新的思想和新的发展（　　）
   G. 我相信我的判断能力有助于做出正确的决策（　　）
   H. 我把那些最基本的工作都能组织得井井有条（　　）
4. 我在集体工作中的特征是：
   A. 我有兴趣更多地了解我的同事（　　）
   B. 我不愿向别人的见解进行挑战或坚持自己的少数派意见（　　）
   C. 在辩论中，我通常能找到论据推翻那些论据不足的主张（　　）
   D. 我认为，只要计划必须开始执行，我有推动工作运转的能力（　　）
   E. 我不在意使自己太突出或出人意料（　　）
   F. 对承担的任何工作，我都能做到尽善尽美（　　）

G. 我乐于与工作集体以外的人联系（　　）
H. 我对所有观点都感兴趣，但这并不影响我在必要的时候下决心（　　）

5. 在工作中，我得到满足，因为：
A. 我喜欢分析情况，权衡所有可能的选择（　　）
B. 我对寻找解决问题的可行方案感兴趣（　　）
C. 我感到我在促进良好的工作关系（　　）
D. 我对决策有强大的影响力（　　）
E. 我能适应那些有创意的人（　　）
F. 我能使人们在某项必要的行动上达成一致意见（　　）
G. 我感到我的身上有一种能使我全身心地投入工作中的气质（　　）
H. 我很高兴能找到一块能发挥我想象力的天地（　　）

6. 如果突然给我一件困难的工作，而且时间有限，人员不熟：
A. 在有新方案之前，我宁愿先躲进角落拟订一个解脱困境的方案（　　）
B. 我比较愿意与那些表现出积极态度的人一起工作（　　）
C. 我会设想通过用人所长的方法来减轻工作负担（　　）
D. 我天生的紧迫感将有助于我们不会落在计划后面（　　）
E. 我认为我能保持头脑冷静、富有条理地思考问题（　　）
F. 尽管困难重重，我也能保证目标始终如一（　　）
G. 如果集体工作没有进展，我会采取积极措施加以推动（　　）
H. 我愿意展开广泛的讨论，意在激发新思想、推动工作（　　）

7. 对于那些在集体工作中以及在与周围人共事时所遇到的问题：
A. 我很容易对那些阻碍前进的人表现出不耐烦（　　）
B. 别人可能批评我太重于分析而缺少直觉（　　）
C. 我有做好工作的愿望，能确保工作的持续进展（　　）
D. 我常常容易产生厌烦感，需要一两个有激情的人使我振作起来（　　）
E. 如果目标不明确，让我起步是很困难的（　　）
F. 对于遇到的复杂问题，我有时不善于加以解释和澄清（　　）
G. 对于那种我不能做的事，我有意识地求助他人（　　）
H. 当我与别人正面发生冲突时，我没有把握使对方理解我的观点（　　）

评估标准：

示范：第一题，A给1分，B给1分，C给2分，D给2分，E给2分，H给2分，F、G不给分，以此类推。

结果分析：

测试者将题目对应的分数填到表6-2中，最后把各项的总分加起来就是你扮演的各个角色的分数。

表 6-2　角色测试

题号	执行者		协调者		塑造者		创新者		资源调查者		监控 / 评估者		协作者		完成者	
1	G		D		F		C		A		H		B		E	
2	A		B		E		G		C		D		F		H	
3	H		A		C		D		F		G		E		B	
4	D		H		B		E		G		C		A		F	
5	B		F		D		H		E		A		C		G	
6	F		C		G		A		H		E		B		D	
7	E		G		A		F		D		B		H		C	
总计																

分数最高的一项就是你表现出来的角色，分数第二和第三高的就是你的潜能。如果分数在 10 分以上的有三项，证明这三种角色你都可以扮演，这个主要取决于你的兴趣和能力。如果有一项超过 18 分，表示你属于该类角色。一般来说，5 分以下表示你不善于扮演这个角色，15 分以上证明你特别适合这个角色。

任务二　“战争”与“和平”

情景导入

李娜是某高校建筑装饰设计专业的高才生，毕业后就职于某知名设计公司设计一部，经过几年打拼成为设计一部首席设计师。今年 3 月，公司接到某知名集团大型购物广场的设计竞标任务，要求三个设计部一起参加竞标，最终拿下任务的设计部能获得项目 30% 的提成。李娜所在的设计一部誓要拿下此次任务，与其他两部展开了激烈的竞争。

三个设计部分头收集客户资料，通过各种途径了解客户需求、喜好和客户期望，并在公司内部展开了“大战”。三个设计部的设计师时刻关注对手动态和设计进度，希望能窥视到对手的设计图和设计理念。随着竞标日期的临近，三个设计部中原本关系较好的同事也不敢私下往来，生怕被怀疑私下交换情报、透露团队设计内容，就连在公司里迎面遇到，大家招呼都不敢打。

思考与讨论：

（1）若你是三个设计部中的一员，面对这样的环境和氛围，你会有怎样的感受？这种氛围是必然的吗？

（2）若你是三个设计部中的一员，你是否会想方设法了解对手的情报？原因是什么？

知识精讲

一、现代社会中竞争与合作的关系

我们所处的时代是一个竞争的时代。无论什么人都无法避免竞争这种现象的存在。竞争充斥了现代生活的各个领域、各个层面，如经济竞争、科学技术竞争、教育竞争。人与人之间、企业与企业之间、地区与地区之间、国家与国家之间都存在竞争。在竞争中，新产品、新工艺、新技术、新方法不断产生，从而推动人类的生产、生活不断向更高阶段迈进。竞争能激发个体的创造精神，增强个体展现自我价值的意愿。因此，现代社会鼓励竞争，鼓励标新立异，鼓励通过竞争调动人的潜能，实现人的全面发展和社会的进步。

同时，我们所处的时代又是一个合作的时代。无论什么人都无法避免合作这种现象的存在。在强调竞争的同时，现代社会也把“合作”作为高扬的旗帜。现代社会既是张扬独立性、主体性的时代，又是讲究合作性、群体性的时代。合作涉及社会生活的各个层面。我们每个人的智慧和力量都是有限的，任何人想要成功都离不开他人的帮助。在这个高度组织化、协作化的社会中，合作的重要性越来越凸显。对于生活在社会群体之中的每个人而言，缺乏合作意识、不善于与他人合作有可能会四处碰壁。没有合作，现代社会的运行与发展几乎是无法想象的。所以，大至一个国家、一个企业，小至一个班级、一个小组，甚至个人，要想在竞争中成功，都离不开合作。可见，在竞争环境中，竞争与合作可以相互促进、相互转化。良好的合作更有利于个体或组织在竞争中获得成功。

因此，适当或适度的竞争、合理互利的合作构成了现代社会的突出特征。商场上没有永远的朋友，也没有永远的敌人。这句话揭示了竞争与合作的辩证关系，竞争不排斥合作。现代竞争转变为更高层次的竞争与合作。现代企业追求的不再是“单赢”，而是“双赢”和“多赢”。

现代社会中竞争与合作并存，因而个体不仅应具备竞争意识，更应具备合作意识；既要保持独立的个性意识，自强、自立、敢为天下先，更要有集体观念和团队精神，共存、共事、共荣。团队应积极地营造融洽、和谐的竞争环境，从而更好地发挥个体的智慧和创造力，加速个体的成长和团队的成功。

竞争与合作是统一、不可分割的。竞争要求合作，而合作促进竞争。在一个融洽、和谐的团队中，各成员互爱、互勉、互补、互利、互惠，有利于信息的互相交流、知识和经验的互相传播和借鉴。一个富有集体感与团队精神的群体，由于内部各成员拥有共同的目标而互相合作，最大限度地减少了内部消耗，因此能够聚集无比强大的群体的智慧和创造力，组成一个战无不胜、攻无不克的团队。

二、团队冲突的表现及原因

在团队中，个人之间的不和谐（冲突）在一定程度上总是存在的，因为人与人之间存在各种差异，如价值观、信仰、态度以及行为上的差异。差异必然会导致分歧，分歧发展到一定程度就会导致冲突。不和谐是永远存在、无法逃避的，团队成员应该积极应对团队中的各种不和谐。

（一）团队冲突的表现

团队冲突表现在以下几个方面：

（1）个人、团队、组织及其组成部分之间很少沟通。

（2）团队间不是在相互合作与相互尊重的基础上建立关系，而是基于对他人地位的羡慕、嫉妒和愤怒而产生不良的关系。

（3）团队成员之间的关系恶化，个人抵触增多。

（4）规章制度尤其是牵涉生产中细微领域的规章制度增多。

（5）各种秘密和传闻不胫而走，小事情成了大事情，小问题成了大危机，很小的异议成了严重的争议。

（6）组织、部门、团队和团队成员的绩效下降。

（二）团队冲突的原因

导致团队冲突的原因有很多，从客观上来说，是资源的有限性所致。从主观上来说，是每个人的知识、精力、经验、性格、习惯、级别、价值观、目标差异所致。归结起来，团队冲突的产生原因有以下几点：

1. 资源竞争

团队管理者通常会按照团队成员的工作性质、岗位职责、在团队中的地位以及团队目标等因素分配资金、人力、设备、时间等资源。团队的公共资源在使用过程中也会出现谁先谁后、谁多谁少的矛盾，这些都会引发团队冲突。

2. 目标冲突

每一个团队和团队成员都有自己的目标，每个团队成员都需要其他成员的协作。例如：市场营销部门要实现营销目标，就必须得到生产部门、财务部门、人事部门、研发部门的配合与支持。但现实情况是，各个团队的目标会发生冲突。营销部门的目标是吸引客户、培养客户忠诚，这就要求生产部门生产出质优价廉的商品。而生产部门的目标是降低成本、减少开支，以尽可能少的资源生产尽可能多的商品，而这样可能导致商品质量下降。

3. 相互依赖

相互依赖表现为团队中一方的工作不当会造成另一方工作的不便、延滞，或者一方的工作质量和绩效影响另一方的工作质量和绩效。组织内的团队之间和团队中的每一个成员之间都是相互依赖的，它们在目标、优先性、人力资源方面越是多样化，越容易产生冲突。

4. 责任模糊

团队内有时会由于职责不明造成职责缺位，出现谁也不负责的管理“真空”，造成团队成员之间的互相推诿甚至敌视，出现“有好处抢，没好处躲”的情况。

拓展阅读：

沟通中的4W1H法则

5. 地位斗争

团队中每个成员地位的不公平感也是造成不和谐的原因。当一个团队成员努力提高自己在团队中的地位，而另一个团队成员认为其对自己地位的造成威胁时，冲突就会产生。

6. 沟通不畅

团队或团队成员之间的目标、观念、时间和资源利用等方面的差异是客观存在的。如果团队或团队成员沟通不够或沟通不成功，就会加剧团队或团队成员之间的隔阂和误解，加深团队或团队成员之间的对立和矛盾，导致任务或目标失败。

三、团队冲突的处理技巧

（一）及时反应

团队若出现冲突，久拖不决容易对双方造成长期伤害，对整个团队的效率产生不良影响。所以，反应及时是至关重要的，以免引起事态的恶化。团队内必须做到及时沟通、积极引导、求同存异、把握时机、适时协调、求得共识，保持信息的畅通，而不至于导致信息不畅、矛盾积累。

（二）坦诚沟通

团队成员首先应确定冲突的问题是什么，然后了解问题背后的原因。沟通不畅是引起团队冲突的重要原因。沟通不畅往往表现在以下几个方面：信息的不对称、评价指标的差异、倾听技巧的缺乏、言语理解的偏差、沟通过程的干扰、团队成员之间的误会等。如果团队成员能够顺利交流、相互了解，弄清冲突双方的需求，再从中找到双方的利益共同点，那么发生冲突的可能性就会大大降低。

（三）换位思考

不和谐的双方往往是从自身的角度出发来考虑事态的演变和事件的结果，这就导致双方的矛盾不可调和。如果不和谐的一方能够站在对方立场上、从对方的角度来考虑问题，体验对方不同角色的内心感受和情绪变化，事情可能会有所好转。换位思考并不是人人都能做到，这种能力需要有意识地培养，养成关心他人的习惯之后才可能有这种体验。

（四）冷静决策

团队发生冲突往往是由于成员不够冷静，没有全局观念，决策时往往考虑不够周全。过度情绪化地决策可能会影响团队成员的理解和判断能力，并带来不必要的后果。

（五）宽容错误

常言道：忍一时风平浪静，退一步海阔天空。职场中的不和谐大多都是性格、言语、习惯等小冲突引起的。当冲突出现时，我们不妨表现得大度一些，得饶人处且饶人。高尚宽容的人能将大事化小、小事化了。冲突双方不妨尝试和颜悦色地说一些宽容、忍让对方的话，这样往往能收到一些意想不到的效果。宽容不仅能消除对方的敌意，而且能减轻自己的压力。对一个团队来说，宽容是处理团队关系的润滑剂。

拓展阅读：
六尺巷的来历

（六）控制情绪

在负面情绪中做出的判断往往是不正确的或是错误的。负面情绪下的协调和沟通常常没有逻辑，个体很容易因冲动而失去理性，如反目成仇的家人、对峙已久的同事等。尤其不能够在负面情绪中做出错误的判断，以免让事情变得无法收场。

团队成员要在合作中竞争，团队的通力合作鼓励各个成员间相互竞争，成员间相互竞争可以促进团队竞争力的提高；在合作中竞争，要尊重竞争对手，向竞争对手学习。合作的过程是互帮互学、相互提高的过程，取长补短、携手共进是团队成员在合作中竞争的目标。同时，团队成员还要在竞争中合作，竞争本身并不是目的，而是达到更高的目标的手段；在竞争中合作，应体现“双赢”原则，竞争对手不能相互排斥，造成两败俱伤的局面，而要相互促进、共同提高。

四、团队冲突的处理方法

团队是由两个或者两个以上相互作用、相互依赖的个体为了特定目标而按照一定规则结合在一起的组织，因此团队成员之间出现冲突是不可避免的。当冲突出现的时候如何面对和解决，既是每一个团队管理者必须掌握的基本技能，也是团队学习的一个重要方面。

我们可以利用冲突模型（见图 6-1）进行冲突解决方案的评估和选择。冲突模

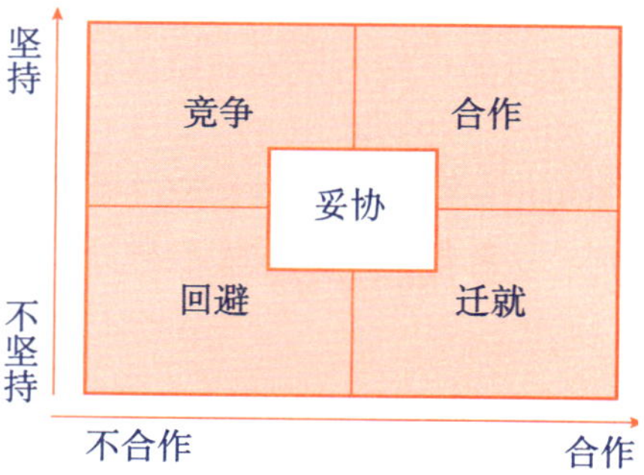

图 6-1　冲突模型

型将冲突中成员的心态分成两种：坚持度和合作度。坚持或不坚持是对自己的关心程度，即是否坚持自己的观点或行为不肯放弃；合作或不合作是对他人的关心程度，即对冲突的另一方是否能够采取宽容、合作的态度。

按照合作度和坚持度的不同，可以形成五种解决冲突的方法（见表 6-3）。

表 6-3 解决冲突的方法

方法	特征	表现	适用情景
竞争	高度坚持且不合作	满足自我而不相互合作的处理方式，寻求自我利益的满足，而不考虑他人，具有一定的对抗性	1. 当在紧急情况下需要采取迅速、果断的行为时 2. 当需要实施一项不受人欢迎的重大措施时 3. 当问题对团队前景极为重要，而你知道自己是正确的时 4. 当为了对付那些从非竞争性行为中受益的人时
合作	高度坚持且高度合作	自我满足且相互合作的积极处理方式，与对方一起寻求互惠互利的双赢方案来解决冲突	1. 当发现两个方面都十分重要且不能妥协或迁就时 2. 当你的目的是学习时 3. 当你需要融合不同人的不同观点时 4. 当你需要把各方意见合并到一起从而获得承诺时
回避	不坚持也不合作	不合作的消极处理方式，表现为对冲突既不合作，也不强求当前利益，使其不了了之	1. 当问题微不足道或有更紧迫、重要的问题需要解决时 2. 当问题解决后带来的潜在破坏性将超过获得的利益时 3. 当收集信息比立刻决策更重要时 4. 当这一问题与其他问题无关或是其他问题的导火索时
迁就	不坚持且保持合作	不满足自我而相互合作的处理方式，维持整体的友好关系，冲突的一方做出让步，甚至牺牲自我，以迁就他人	1. 当发现自己错了，希望倾听一个更好的观点，并能表现出自己通情达理时 2. 当该问题对别人而言更重要，并可以满足别人的需求和维持团队时 3. 当你为了建立信任时 4. 当融洽与稳定至关重要时
妥协	中等程度的坚持和合作	合作与自我满足程度均处于中等水平，放弃部分应得利益，以寻求事物的继续发展	1. 当目标十分重要，但不值得采用更为武断的做法，造成潜在破坏时 2. 当对手拥有同等的权利，能为共同的目标做出承诺时 3. 当一个复杂问题可以达成暂时的和解时 4. 当时间十分紧迫需要采取一个权宜之计时

活动体验

活动一：游戏——推手过河

活动物品：

三根等长的绳子、粉笔。

（1）刚才的游戏中，你用全力了吗？

（2）你是否感觉到痛？为什么能赢得（或者不能赢得）比赛？

（3）在游戏过程中，你有何心得体会？

活动时间：

20 分钟。

活动过程：

（1）在地上放三根等长的绳子（若无绳子，可用粉笔在地上画线）。每根绳子的间隔须略小于一臂，中间的一根为中线。游戏时，双方必须站在靠近外侧的两根绳子旁。

（2）以前面任务中的小组为单位，每小组中组员成对参加，互为对手。

（3）比赛开始前，每对选手面对面站在最外侧的两根绳子旁，抬起双臂，双方掌心相对，指导老师在两人掌心中横放一支粉笔。

（4）比赛开始后，大家要努力地推对手，直到自己的双脚跨过中线。要求粉笔不能掉下来或者断掉，谁最先跨过中线，就算取得胜利，个人单项计 1 分。最后各组统计积分，小组按积分排名。

总结分享：

（1）刚才的游戏中，你用全力了吗？

（2）你是否感觉到痛？为什么能赢得（或者不能赢得）比赛？

（3）在游戏过程中，你有何心得体会？

参考解析

活动二：游戏——会跳的棋子

活动物品：

跳棋若干副（按实际组数确定）、计时器。

活动时间：

20 分钟。

活动规则：

以小组为单位进行跳棋比赛，要求每组六位组员同时参加，每人各执一种颜色的棋子。教师宣布跳棋比赛开始并且计时，六种棋子都到达对方棋盘且用时最少的组获胜，每组按时间先后排序。教师可安排专人拍摄视频，以记录整个过程，过后回放讨论。

总结分享：

（1）每组分享自己的策略。

（2）每组讲述实际操作过程中遇到的困难和机遇。

（3）小组讨论并派代表分享感受。

自我评估

评估一：团队冲突处理方式

情景描述：

请想象一下你的观点与另一个人的观点产生分歧的情景。在此情况下，你通常是怎样的反应？下列几种陈述描述了可能出现的行为反应。在每一对陈述句中，请在最恰当地描述你自己行为特点的陈述句前的字母“A”或“B”上画圈。如果 A 和 B 都不能准确地描述你的行为特点，请选择你较为可能的反应。

1. A：有时我让他人承担解决问题的责任。
   B：与其协商分歧之处，我试图强调我们的共同之处。
2. A：我试图找到一个妥协性的解决方案。
   B：我试图考虑到我与他所关心的所有方面。
3. A：我通常坚定追求自己的目标。
   B：我可能尝试缓和对方的情感来保持

（1）每组分享自己的策略。

（2）每组讲述实际操作过程中遇到的困难和机遇。

（3）小组讨论并派代表分享感受。

我们的关系。

4. A：我试图找到一个妥协性的解决方案。

B：我有时牺牲自己的意志，成全他人的愿望。

5. A：在制定解决方案时我总是寻求对方的协助。

B：为避免不利的紧张状态，我会做一些必要的努力。

6. A：我努力避免使自己造成不愉快。

B：我努力使自己的立场获胜。

7. A：我试图推迟对问题的处理，使自己有时间考虑一番。

B：我放弃某些目标作为交换以获得其他目标。

8. A：我通常坚定地追求自己的目标。

B：我试图将问题的所有方面摆在台面上。

9. A：我感到意见分歧不需要担心。

B：为达到我的目的，我做了一些努力。

10. A：我坚定地追求自己的目标。

B：我试图找到一个妥协方案。

11. A：我尽量缓和自己的情绪，把重点放在目标上。

B：我尽可能努力缓和他人的情感从而维持我们的关系。

12. A：我有时避免选择可能产生矛盾的立场。

B：如果对方做出妥协，我也将有所妥协。

13. A：我采取折中的方案。

B：我极力阐明自己的观点。

14. A：我告知对方我的观点，询问他的观点。

B：我试图将自己的逻辑和利益呈现给对方。

15. A：我可能试图缓和他人的情感从而维系我们的关系。

B：为避免紧张状态，我做了一些必要的努力。

评估标准：

评估标准见表 6-4。

表 6-4　评估标准

项目	序号															总数
	1	2	3	4	5	6	7	8	9	10	11	12	13	14	15	
竞争			A			B		A	B	A			B	B		
合作		B			A			B			A			A		
回避	A				B	A	A		A			A			B	
迁就	B		B	B							B				A	
妥协		A		A			B			B		B	A			

结果分析：

哪一种得分最多，表明你处理冲突的方式就偏向哪种。如果两行的得分一致，那么说明你的处理方式就有两种。

评估二：冲突处理风格

情景描述：

当你与他人意见不一致时，你是否经常用下列方式来表示？根据实际情况做出判断（见表6-5）。

表6-5　冲突处理风格

冲突处理风格	情景描述	得分
合作：我赢，你也赢	1. 我会进一步了解我们之间的不一致，而不是立刻改变自己的看法或强加给他人我的看法	
	2. 我坦诚地表明自己的不同意见，并欢迎有关这一方面的进一步讨论	
	3. 我寻求一种双方都满意的解决方法	
	4. 我要确保自己的意见被倾听，而不能让别人不听我的意见就下结论。当然，我也会认真听取别人的意见	
妥协：双方都有所赢，有所输	5. 我采用折中办法，而没有必要非要寻求完全满意的解决方法不可	
	6. 我承认自己错了一半而不深究我们的差异	
	7. 我总是迁就别人	
	8. 我希望自己只说出了真正想说的一部分	
和解：我输，你赢	9. 我完全放弃自己的看法，而不是改变别人的意见	
	10. 我把有关这一问题的所有矛盾搁置在一旁暂不考虑	
	11. 我很快就会同意别人的观点而不争论	
	12. 一旦对方对某一争论感情用事，我很快就会放弃	
强迫/支配：我赢，你输	13. 我试图战胜其他人	
	14. 我要不惜一切代价取得成功	
	15. 对于一项好的建议，我从不退缩	
	16. 我更愿意取胜，而不是妥协	

评估标准：

根据情景描述，选择“经常”“有时”“很少”分别计5分、3分、1分。

结果分析：

每组得分在17分及以上的属于高程度；12～16分的属于较高程度；8～11分的属于较低程度；7分及以下的属于低程度。

虽然我们中的大多数人都有因地制宜地改变自己对冲突的态度的能力，但每个人都有处理冲突的习惯风格。此测试能够帮助你认识自身处理冲突的基本风格。

你也许能够改变基本风格以适应某种冲突环境，但是你的基本风格表明了你最可能采取的行为和最经常采用的冲突处理方式。

任务三 两个人不等于我们

情景导入

蜂王加加和蜂王利利各自领导着一个蜂群，两个蜂群的蜜蜂数量相当。有一天他们决定比赛，看哪个蜂群的蜜蜂产的蜜多。

蜂王加加想，蜜的产量取决于蜜蜂每天对花的“访问量”。于是他购买了一套能准确测量记录每只蜜蜂每天工作量的绩效评估系统。在他看来，蜜蜂所接触花的数量就是其工作量。但他没有告诉蜜蜂：他是在与蜂王利利比赛，只是让蜜蜂比赛访问量。

蜂王利利可不这样想，他认为产蜜的关键在于蜜蜂每天采回多少花蜜——花蜜越多，酿的蜂蜜就越多。于是，他直截了当地告诉他的队员们，他在和加加比赛看谁生产的蜂蜜多。他花了不多的钱买了一套绩效管理系统，测量每只蜜蜂每天采回的花蜜的数量，并把测量结果随时公布，月末除了重奖当月采蜜最多的蜜蜂外，如果蜂蜜总产量高于上月，那么所有的蜜蜂都会得到不同程度的奖励。

三个月后，比赛的结果是加加的蜂蜜不及利利的1/3。加加大惑不解，不明白自己花钱费神设立的绩效评估系统怎么会不管用。

这时，采蜜主管告诉它，蜜蜂访问量每月都增加一成以上，而每月产蜜量下降一成以上。加加非常生气，连声问有没有谁偷吃了蜂蜜。酿蜜主管说：“没有谁偷吃蜂蜜，问题出在没有足够的花蜜来酿蜜。为尽可能提高访问量，蜜蜂们都不去采太多的花蜜，因为采的花蜜越多，飞起来就越慢，每天的访问量就越少。您有没有注意到，在给工作量最大的蜜蜂发奖的时候，其他蜜蜂立即一齐发出不满的嗡嗡声？蜜蜂之间竞争的压力太大，一只蜜蜂即使获得了很有价值的信息，如蜜源，它也不愿将此信息与其他蜜蜂分享。”

加加这才知道自己的做法不太对，于是虚心地向利利请教。

利利说：“我之所以让蜜蜂们专注于采集更多的花蜜，是因为花蜜才是与最终的结果直接相关的。你的评估系统很精确，但你评估的绩效与最终的绩效并不直接相关。枝节越多，越容易走入歧途，越容易偏离最终目的。”

“另外，你的奖励方法也有问题，本来是为了让蜜蜂收集更多的信息才让它们竞争，由于奖励范围太小，为收集更多信息的竞争变成了相互封锁消息。我的蜜蜂不一样，因为我不限于奖励一只蜜蜂，为了采集到更多的花蜜，蜜蜂相互合作，嗅觉灵敏、飞得快的蜜蜂负责打探哪儿的花最多、最好，然后回来告诉力气大的蜜蜂一齐到那儿去采集花蜜，剩下的蜜蜂负责贮存采集回的花蜜，将其酿成蜂蜜。虽然采集花蜜多的蜜蜂能得到更多的奖励，但蜜蜂之间并没有相互拆台。激励只是手段，相比之下，怎么激发所有蜜蜂的团队精神才是最重要的。”

思考与讨论：

（1）分析蜂王加加的团队工作中出现的问题及比赛失败的原因。

（2）分析蜂王利利的团队工作中促成比赛成功的有利因素。

知识精讲

一、高效团队的特征

尽管每一个成功的团队都有其不可替代的特征，但是它们也具备一些共同的特征，而且这些特征往往是团队取得成功所必不可少的。在研究打造高效团队这一课题的过程中，我们分析了近百个成功和失败的团队，最终发现，高效团队必定具备以下六个特征：效率至上、结果导向、各司其职、目标一致、高度协同、快速反应。

（一）效率至上

尽管效率不等于高效，但是要取得高效，高效率是根本。多数企业将团队效率视为第一要素。在它们看来，不能够取得高效率，一切都毫无意义。为什么？因为如今的企业面对的是一个竞争异常激烈的时代，在这个时代，速度是企业制胜的法宝。速度与效率成正相关。没有高效率，就不可能获得高速度。

高效团队信奉“效率为王”，目标确定好之后，决定团队成败的最关键因素便是效率。因此，高效团队将精力集中在寻求更加有效、更为快捷的方法去解决问题。团队成员绝不墨守成规，他们知道如果不创新，便意味着可能会被淘汰。

（二）结果导向

高效团队的第二个共同的特征是一切以结果为导向。高效团队中的每一个成员每时每刻思考的都是如何实现当初的目标，他们知道结果决定一切。因为结果象征着团队所创造的价值，而企业的发展正是依靠每一个团队所创造出来的价值。同样，结果决定着客户的态度。无论团队成员抱有多么良好的态度，或是提供多么便捷的服务，如果企业生产出来的最终产品无法令客户满意，遭遇失败的概率就会增加。

（三）各司其职

团队成员的取长补短是团队取得高效的关键因素。只有团队中的每一个成员都能够充分发挥自身的特长和技能，并且产生一种高度的协同，才能够取得真正的高效。

某公司董事曾强调管理的根本就是人的问题：“把适合的人放到适合的位置上去，然后给予他们充分的自主权。”真正高效的团队总是如此，每个人都非常明确自身的职责，同时对自身有着高度的要求。

“我只要做好自身的工作，当然，我需要与大家保持步伐一致，过快和过慢都是不可取的。”有一位年轻的女职员，在连续换了 3 次工作之后，终于找到了自认为理想的工作。因为在新的岗位上，她非常明确自身的工作和要求，而不像以往总是迷迷糊糊，做完今天的工作就不知道明天将会做什么。

（四）目标一致

如果说团队是有灵魂的，那么这个灵魂必定是团队的目标。只有抱着共同的目标，才能够将一个由多人组成的群体凝聚为团队。一支高效的团队必定拥有一个共同的目标，而且这一目标会深深地根植于团队成员的心中。失败的团队无法使自己的成员理解团队目标。相关研究者曾与一些失败的团队成员进行沟通，在询问他们为何会遭遇失败时，总是会得到以下一些答复：

“我不知道我们要往哪里去，每天都有一些具体的工作，但这些工作之间又没有确切的联系。”

“上面总是在不停地变换着目标，当我们为前一个目标做好准备时，往往又需要另起炉灶，为新目标做准备。”

“从加入这一团队开始，我始终也没有弄清自己应该做什么，更别提整个团队的目标了。”

…………

目标是否一致是评价一个团队是否具备凝聚力的核心标准。只有团队中的每一个成员都清楚地知道团队的目标，并且深刻理解自身在实现这一目标过程中所承担的职责，团队才能够取得高绩效。

（五）高度协同

协同总是被人们反复地强调，然而事实上，大多数团队的协同都存在问题。高度协同是一支团队能否实现目标的基础要求之一。团队失败的原因不外乎两种：一是错过了良好的市场机会，最终处于被动地位；二是消耗的成本和资源过多，尽管实现了目标，却因此陷入了严重的财务危机。

这两种原因的产生往往正是因为内部的协同性不够。很多团队将大量的时间花费在内部沟通和协调上，不仅无法将目标清晰地传达给每一位团队成员，而且无法使团队成员保持良好的协同去实现目标。

某客车制造企业的内耗极其严重，由于团队内部存在沟通障碍，常常延误客户的提车时间。延期交车已经是一个极其严重的问题了，然而，在该企业的制造车间内还存在另一个更为严重的问题：材料浪费严重。在造车之前，车间主任没有将所需要的材料用量清晰地告诉工人，导致工人根据自身的经验随意配置材料，进而造成浪费。从该企业的销售资料可以发现，企业所销售出去的产品成本已经高于销售价格。可想而知，长期下去，这样的企业将被内部的协同问题拖垮。

（六）快速反应

成功的团队通常有一个重要的特征：当外界环境发生变化时，团队会迅速采取措施，把握机会，成为领先者。一个具备快速反应能力的团队往往具备以下特点：对自身所处的环境异常敏感，能够及时把握环境的变化，并结合实际情况采取行动；在确定了新的任务和目标之后，能够迅速使团队每一位成员都全身心地投入其中；在面对问题时，团队所有成员群策群力，寻求解决方案。

效率至上、结果导向、各司其职、目标一致、高度协同、快速反应是一支高效团队所拥有的六种典型特征，也正是每个团队所期望实现的团队目标。要实现这一目标，团队成员要快速融入团队，具有强烈的团队精神。

二、融入团队的技巧

团队成员要融入团队，必须先了解团队，如团队的历史、性质、产品、规模、体制、优劣势等；必须热爱团队，热爱工作，通过努力获得大家的帮助和认可；必须竭力推荐自己，使大家了解你。此外，团队成员还要掌握融入团队的技巧。

（一）处理好与上级的关系

下级应尊重上级的价值观、行为方式以及兴趣爱好，在工作中要实事求是，虚心接受上级的建议和指导，及时向上级反馈工作进展和结果。

（二）处理好与同事的关系

团队成员要积极参与团队的各类集体活动，和大家建立良好的人际关系，以便大家能够尽快了解你，增加对你的信任感，解除对你的隔膜。团队成员对待同事时要一视同仁，避免亲疏有别，把自己划入某个小圈子。

（三）多为他人考虑

团队成员做事时应多为团队考虑，大到出差，小到复印资料，在保证完成好本职工作的前提下，应该本着高效、节约的原则，能省则省。一个处处为团队考虑的人肯定会受到大家的欢迎。

（四）做一个好的听众

团队成员应避免高谈阔论、滔滔不绝，当别人提出话题时，不能扭头就走。团队成员在工作中应专心、认真、细心地把事情做好；同事或主管表达意见或提出指示时，团队成员应该诚恳地倾听，以示对他人的尊重。

（五）承认他人的价值或成就

当他人取得成就时，团队成员不能有如此的想法：他有什么了不起？那种小事，谁都可以做。这些想法会妨碍个人的成长，更会制造隔阂；相反，应该随时让他人知道其在你心中很有分量。

三、培养团队精神

团队精神是团队中不可缺少的因素，具有非常积极的作用。它通过对群体意识的培养，通过员工在长期实践中形成的习惯、信仰、动机、兴趣等心理因素来沟通思想，引导人们产生共同的使命感、归属感和认同感，产生一种强大的凝聚力。它能使团队成员齐心协力，拧成一股绳，朝着一个目标努力，使团队要达到的目标成为单个成员自己所努力的方向，整体目标顺势分解成各个小目标，在每个员工身上得到落实。团队精神产生的协调力是通过团队内部所形成的一种观念的力量和氛围来影响、约束、规范以及协调个体行为，使之不与团队的整体利益相冲突。它要靠员工自觉地要求进步，力争向团队中最优秀的成员看齐。

团队精神是一个重要的团队文化因素，它要求团队分工合理，将每个成员放在适合的位置上，使其能够最大限度地发挥自己的才能，并通过完善的制度、配套的措施，使所有成员形成一个有机的整体，为实现团队的目标而奋斗。那么，团队精神该如何培养呢？

（一）明确提出团队目标

目标是把团队成员凝聚在一起的力量，是鼓舞团队成员团结奋斗的动力，也是督促团队成员的尺度。团队要用切合实际的目标凝聚、团结成员，调动成员的积极性。

（二）健全团队管理制度

管理工作应使团队成员的行为制度化、规范化。优秀的团队应该有健全、完善的制度规范，如果缺乏有效的制度，就无法形成纪律严明、作风过硬的团队。

（三）创造良好的沟通环境

有效的沟通能及时消除和化解领导与成员之间、各部门之间、各成员之间的分歧与矛盾。因此，企业必须建立良好的沟通环境，以增强团队凝聚力，减少内耗。

（四）尊重个体独特优势

尊重是调动成员积极性的重要前提。团队管理者应尊重团队中的每一个人，使每个成员都感受到团队的温馨。关心成员的工作与生活，将会极大地激发成员献身事业的决心。

（五）引导成员参与管理

每个成员都有参与管理的欲望和要求。正确引导和鼓励这种愿望，就会使团队成员积极为团队发展出谋划策，贡献自己的力量和智慧。

（六）增强成员全局观念

团结才会产生战斗力。团队成员不应计较个人利益和局部利益，只有将个人、部门的追求融入团队的总体目标中，才能达到团队的最佳整体效益。

团队精神有助于成员间互相关心、互相帮助，并努力自觉维护团队的集体荣誉，约束自己的行为；能让每个团队成员具有高涨的士气，激发成员工作的主动性，能让团队成员自愿地将自己的聪明才智贡献给团队，并且得到更全面的发展；能进一步消除内耗，使团队能在第一时间界定责任，找到解决问题的责任人，提升团队的工作效率和凝聚力。

活动体验

活动一：游戏——坐地起身

活动物品：

相机。

活动时间：

20 分钟。

活动场地：

形体房、团体活动室或操场。

活动过程：

（1）第一轮：全体学生自由结对，两人一组。两人背靠背坐在地上，胳膊从背后相互挽起，腿伸直。在教师的指挥下，两人通过合作站立起身。

（2）第二轮：三人一组，背靠背坐在地上，在教师的指挥下，站立起身……以此类推，直至全体成员合成一个大组，全部背对背、手挽手坐地，在得到指令后共同站立起身。

（3）每次坐地起身成功后，鼓掌庆祝，以示鼓励。要保证每一轮的各组都完成后再开始下一轮。

总结分享：

（1）在活动中，当你组里有“起不来”的同学时，你是什么心情？看到其他组都很顺利时，你是否想过放弃他或更换同伴？

（2）全体同学围成一个圆圈，依次用一个词分享当下自己的感受，如果能配合动作更好。

（1）在活动中，当你组里有“起不来”的同学时，你是什么心情？看到其他组都很顺利时，你是否想过放弃他或更换同伴？

（2）全体同学围成一个圆圈，依次用一个词分享当下自己的感受，如果能配合动作更好。

（3）以小组为单位，选出最能代表小组感受的一个词，用“人体雕塑”来表示。

（1）组长在三轮游戏中有怎样的感受？

（2）组员在三轮游戏中有怎样的感受？

（3）看到游戏过程中的录影资料或相片，有何体会？大家如何做才能让作品更加好看？

（3）以小组为单位，选出最能代表小组感受的一个词，用“人体雕塑”来表示。

参考解析

活动二：游戏——奇妙的绳索

活动物品：

20 米长的绳子若干、眼罩或不透光的布条、摄像机或照相机、投影设备。

活动时间：

20 分钟。

活动过程：

原有小组自由结合成 2 ～ 3 个大组，在蒙眼的情况下，依次完成以下任务。

（1）小组可选出一人当组长，此人无须蒙眼，其他组员须蒙眼进行游戏。游戏过程中，组长只能原地不动，用语言指挥组员完成任务。教师指导语：现在请各组将绳子在地面组成三角形。

（2）组长戴上眼罩，加入组里继续游戏，所有组员之间可以语言交流。教师指导语：现在请各组将绳子在地面上组成正方形。

（3）所有组员不许言语交流，带上眼罩继续进行游戏。教师指导语：请各组将绳子在空间里搭成房子，不能在地面上拼图，要求有立体感。

（4）指导教师在游戏全过程中可摄像或拍照，游戏结束后，按照次序播放给在场组员观看。

总结分享：

（1）组长在三轮游戏中有怎样的感受？

（2）组员在三轮游戏中有怎样的感受？

（3）看到游戏过程中的录影资料或相片，有何体会？大家如何做才能让作品更加好看？

活动三：游戏——一路有你

活动物品：

眼罩或不透光的布条、摄像机或照相机。

活动时间：

40 分钟。

活动过程：

用教室中的课桌椅、卫生工具等摆出一条“障碍通道”。

（1）在背景音乐中，每个人戴上眼罩扮演一名盲人，先在室内独自一人穿越“障碍通道”，体验盲人的无助、艰辛甚至恐惧。

（2）全班一半人继续扮演盲人，另一半人扮演帮助“盲人”的“拐棍”，由“拐棍”帮助“盲人”通过“障碍通道”，活动过程中不准讲话。完成后交换角色重新体验。

总结分享：

（1）在不同情况下，扮演不同角色有哪些感受？扮演“拐棍”时，你如何体现自己对“盲人”生命安全的责任感？扮演“盲人”时，你是否感受到恐惧，你能够充分信任自己的“拐棍”吗？

（2）如果面对未知的工作领域，你打算如何面对？

（3）请学员进行“头脑风暴”，讨论建立信任和依赖的困难在哪里。

（4）请学员分享建立信任和依赖的案例。

（1）在不同情况下，扮演不同角色有哪些感受？扮演“拐棍”时，你如何体现自己对“盲人”生命安全的责任感？扮演“盲人”时，你是否感受到恐惧，你能够充分信任自己的“拐棍”吗？

（2）如果面对未知的工作领域，你打算如何面对？

（3）请学员进行“头脑风暴”，讨论建立信任和依赖的困难在哪里。

（4）请学员分享建立信任和依赖的案例。

自我评估

评估一：你所在的是优秀团队吗？

根据你所在团队的情况来评估自己的团队是否具备优秀团队的特征，还有哪些需要改进的（见表 6-6）。

表 6-6　评估自己的团队

特征	我的团队
1. 我们有明确的目标。	
2. 我能说出我们的目标是什么。	
3. 我致力于为我们的目标奋斗。	
4. 团队成员有足够的工作技能来完成工作。	
5. 团队成员在工作中扮演各种角色。	
6. 团队成员的工作技能得到充分的发挥。	
7. 团队成员之间相互尊重。	
8. 团队成员都能积极参与讨论。	
9. 团队成员之间互相支持。	
10. 团队成员拥有需要的信息。	
11. 团队的交流比较公开。	
12. 团队成员能够真正做到互相倾听。	
13. 出现冲突时，团队成员勇于承认。	
14. 团队能够积极利用冲突。	
15. 团队成员之间不隐瞒冲突。	
16. 团队日常工作安排程序清晰。	
17. 团队成员都能接受工作方法和程序。	
18. 定期检查工作进程。	
19. 定期检查团队的工作情况。	
20. 把困难和错误看作学习的机会。	

评估二：个人团队技巧评估

情景描述：

以下评估能帮助你检查自己是否有团队技巧。表 6-7 中的每一项都陈述了一种团队行为，请你根据自己这种行为的表现频率打分。

表 6-7　团队技巧评估

情景描述	角色	得分
1. 我提供事实和表达自己的观点、意见、感受和信息以帮助团队讨论。	提供信息和观点者	
2. 我从团队成员那里征求事实、信息、观点、意见和感受以帮助团队讨论。	寻求信息和观点者	
3. 我提出团队工作计划，提醒大家注意需要完成的任务，以此把握团队的方向。我向不同的团队成员分配不同的责任。	方向和角色定义者	

续表

情景描述	角色	得分
4. 我集中团队成员所提出的相关观点或建议，并总结、复述团队成员的主要论点。	总结者	
5. 我带给团队活力，鼓励团队成员努力工作以完成我们的目标。	鼓舞者	
6. 我要求他人对团队的讨论内容进行总结，以确保他们理解团队决策，并了解团队正在讨论的材料。	理解情况检查者	
7. 我热情鼓励所有团队成员参与，愿意听取他们的观点，让他们知道我珍视他们对群体的贡献。	参与鼓励者	
8. 我会用良好的沟通技巧帮助团队成员交流，以保证每个团队成员明白他人的发言。	促进交流者	
9. 我会讲笑话，并会建议以有趣的方式工作，借以减轻团队中的紧张感，并增加大家一同工作的乐趣。	释放压力者	
10. 我观察团队的工作方式，利用我的观察帮助大家讨论团队如何更好地工作。	进程观察者	
11. 我促成有分歧的团队成员进行公开讨论，以协调思想，增进团队凝聚力。当成员们似乎不能直接解决冲突时，我会进行调停。	人际问题解决者	
12. 我向其他成员表达支持、接受和喜爱，当其他成员在团队中表现出建设性行为时，我会给予适当的赞扬。	支持者与表扬者	

评估标准：

总是这样（5 分）、有时这样（3 分）、从不这样（1 分）。

结果分析：

以上 1～6 题为一组，7～12 题为一组，将两组的得分相加对照下列解释：

（6，6）：接近此分数，说明你只为完成工作付出了最小的努力，总体上与其他团队成员十分疏远，在团队中不活跃，对其他人几乎没有任何影响。

（6，30）：接近此分数，说明你十分强调与团队成员保持良好关系，为其他成员着想，帮助团队创造舒适、友好的工作气氛，但很少关注如何完成任务。

（30，6）：接近此分数，说明你着重于完成工作，却忽略了维护关系。

（18，18）：接近此分数，说明你努力协调团队的任务与维护要求，并最终达到平衡。你应该继续努力，创造性地结合任务与维护行为，以促成最优生产力。

（30，30）：接近此分数，祝贺你，你是一位优秀的团队合作者，并有能力领导一个团队。

当然，一个团队的顺利运行除了上述行为以外，还需要许多别的技巧，但上述技巧是最基本且较易掌握的。

如果你得分比较低，也不要气馁，只要参照上面的做法，就会有所提高。

项目实训

实训主题：进行产品市场调研。

实训形式：结合已具备的生产资料、生产条件以及前期的产品设计，以团队形式进行产品市场调研，发现可能的消费目标或消费群体，并获得消费者对产品的建议和评价。

实训要求：

1. 训练任务以产品市场调研报告作为结果体现。
2. 市场调研报告要求与注意事项包括：

（1）报告要有明确的市场定位，即对市场定位进行说明；

（2）市场调研可采用问卷、采访、座谈等多种形式，形式不拘，可进行创新；

（3）报告中要包含对市场调研情况的分析，并得出分析结论；

（4）根据获得的市场分析结果对产品设计或生产工艺做局部调整，如无须调整，则在报告中要提供依据。

3. 过程记录：对任务完成过程全程拍摄。

产品市场调研报告

培根铸魂

"感谢每一名队员。"北京冬残奥会轮椅冰壶决赛结束后，中国代表团轮椅冰壶队教练岳清爽眼含热泪，与队员们一一拥抱。在3月12日进行的这场决赛中，中国队以8:3战胜瑞典队，为中国代表团夺得在本届冬残奥会上的第十八枚金牌。

在轮椅冰壶的赛场上，中国队和瑞典队是老对手。2021年轮椅冰壶世锦赛，两支队伍曾在决赛中相遇，中国队在落后的局面下反败为胜，夺得冠军。在本届冬残奥会轮椅冰壶循环赛的交手中，中国队曾以1:5负于瑞典队。

此番，实力旗鼓相当的两支队伍再次对阵，联手为观众奉献了一场精彩的比赛。

前四局比赛，场面胶着，半场结束中国队以1:2暂时落后。转折点发生在第五局，瑞典队出现失误，中国队一举拿下4分，将比分改写为5:2。随后，中国队保持住优势，最终将比分定格在8:3。

"团队力量，就是制胜秘诀。"在岳清爽看来，队伍的成功离不开每一名队员的付出。虽然只有5名队员来到冬残奥赛场，但和他们一起备战北京冬残奥会的其他队员也做出了许多贡献。正是大家在训练中彼此鼓励，相互帮助，才能在一次次世界大赛中收获成长。

顽强拼搏，同样是中国队在赛场内外展现的动人风采。对轮椅冰壶运动员来说，要通过两米多长的投壶杆把约20千克重的冰壶向前投出，非常考验上肢力量；比赛没有刷冰环节，想要投掷准确，就要在一次次训练中练出手感；而低温的训练比赛环境，对他们来说也是一个挑战。

"只要努力，生活就会回报你更多的美好。"因为事故致残，队员陈建新一度陷入低迷，是轮椅冰壶让他感觉人生又一次被点亮。"如果我们可以做到，你们也可以。"队员闫卓希望中国轮椅冰壶队的奋斗故事，能激励更多残疾人乐观面对生活，创造人生精彩。

资料来源：唐天奕，等.团队力量，就是制胜秘诀.人民日报，2022-03-13.

项目七　现场管理

学习目标

知识目标：

- 准确阐述现场管理的概念，举例说明其重要意义；
- 举例说明现场管理重要工具——5S 现场管理法的内容和具体实施方案；
- 对比由 5S 现场管理法推衍出的 7S 管理，建立具体实施步骤。

能力目标：

- 能在现场管理中执行整理工作；
- 能运用 7S 管理的核心环节，并将其贯彻于学习与生活的始终。

行为养成目标：

- 每天重复做好现场管理中的整理、整顿、清扫、清洁，养成用心做事的好习惯；
- 将日常生活、技能学习等与 7S 管理结合，注重提升自身职业素养，弘扬精益求精的工匠精神。

重点难点

- 制定 5S 现场管理法的具体实施方案，并能够结合自身宿舍生活科学执行整理工作；
- 正确建立 7S 管理的具体实施步骤，并将其贯彻于学习和生活的始终。

任务一　现场管理实施要领

情景导入

2020 年 10 月 25 日 15 时许，汤某某与其妻子周某某一同前往深圳市大鹏新区一处在建工程工地查看人工挖孔桩 24 号桩孔的排水设施情况。由于现场没有设置安全警示牌，汤某某不慎掉入人工挖孔桩 24 号桩孔内，周某某发现后大声呼救。

正在附近维修水管的工人立即跑到24号桩孔现场查看情况，并拨打120急救电话和通知人工挖孔桩班组组长到场救援。班组长到场后沿着绳梯下井，发现汤某某蜷缩趴在地上，头部受伤流血，脚边有一个铁桶。班组长将绳子绑在汤某某的腰部，众人齐力将其拉到井口外的地面。120急救人员到场后立即对汤某某生命体征进行检查，发现其已无生命体征，确认其当场身亡。

经过调查人员分析，导致这起意外事件的原因是：事发地点的24号桩未按照技术规范和安全要求设置防护围栏和安全警示牌，在不施工时也未使用扇形网状钢筋或木板覆盖在上面（见图7-1）。

图7-1 事故现场图

思考与讨论：

（1）安全警示标牌的设置原则是什么？

（2）不注重对生产现场管理将导致什么后果？

知识精讲

一、现场与现场管理的定义

（一）现场的定义

现场是事件或行动发生的地点（或称场所、区域），是一个地点名词。现场有广义和狭义之分。广义的现场指的是企业现场，涵盖企业所有的活动场所，包括生产现场、工厂现场、销售现场、办公室现场、实验室现场、仓储现场、废品处理现场等。狭义的现场一般指生产现场。本书中的现场指的是广义的现场，研究的是现场管理的一些共性的东西。

（二）现场管理的定义

目前在我国，现场管理还没有统一的定义。国内学者将现场管理定义为：运用科学的管理思想、管理方法和管理手段，对现场的各种要素，即对人、机、料、法、环等进行合理的配置和优化组合，通过计划、组织、控制、协调、激励等管理手段，保证生产现场按预定的目标，实现优质、高效、低耗、均衡、安全、文明等的生产作业。

从微观角度出发，借鉴学者的定义，参照国际标准化组织在ISO9000质量管理体系的规定，所谓现场管理，即为实现现场目标而协调企业的活动。

现场管理是文明生产的基础，体现了从我做起、从身边做起的员工自我管理意识。持续地对生产作业现场专项集中治理，对不安全、不文明的行为进行规劝和制止，落实各项基础管理工作，增强职工的责任感、荣辱感，必然能极大地优化企业安全生产的大环境，强化现场管理，提升企业形象。

二、体系、管理体系与现场管理体系的定义

（一）体系的定义

体系是指相互关联或相互作用的一组要素。

（二）管理体系的定义

管理体系是指维持企业运作和取得效益的一系列管理方法、管理机构、管理理念、管理人员的总称。

（三）现场管理体系的含义

现场管理体系是指为了确保工作的安全、效率和质量，将各种管理措施和方法有机地结合在一起，制定现场方针和现场目标并为实现这些目标而构成的一个整体。其中，现场方针是由最高管理者正式发布的与现场管理有关的企业总的意图和方向。现场目标是与现场管理有关的，所追求的或作为目的的事物。

三、5S现场管理法的内容及在现代企业中的应用与发展

（一）5S现场管理法的内容

5S即整理（Seiri）、整顿（Seiton）、清扫（Seiso）、清洁（Seiketsu）、素养（Shitsuke）五个单词的首字母组合，又被称为“五常法则”或“五常法”。5S现场管理法是指在生产现场中对人员、机器、材料、方法等生产要素进行有效的管理，从而优化生产、提高效率。5S现场管理法是现场管理实施的基础方法。事实上，任何成功的企业都在不同程度地实施5S现场管理法。

（二）5S现场管理法在现代企业中的应用与发展

5S现场管理法在塑造企业的形象、降低成本、准时交货、安全生产、高度的标准化、创造令人心旷神怡的工作场所、现场改善等方面发挥了巨大作用。

改革开放后，中国企业也开始引入各种先进的管理方法，5S 现场管理法就是其中之一。未实施 5S 的工厂可见到现场脏乱：地板粘着垃圾、油渍或切屑等，日积月累就会形成污黑的一层；零件与箱子乱摆放，叉车或台车在狭窄的空间里开动；好不容易引进的新式设备未加维护，数月后性能降低；要使用的工夹具、计测器不知道放在何处；员工工作状态不佳，规定的事项也只有起初两三天遵守。要改变工厂的现状，最有效的是实施 5S 现场管理法。它相当于我国企业开展的文明生产活动。5S 现场管理的实施对象是现场的“环境”，企业对生产现场环境全局进行综合考虑，并制定切实可行的计划与措施，从而达到规范化管理。有些生产企业不惜重金挖掘专业人才在本企业推行 5S 现场管理法，取得了一定的效果。

四、5S 现场管理法的具体实施方案

5S 现场管理法的具体实施方案见图 7-2。

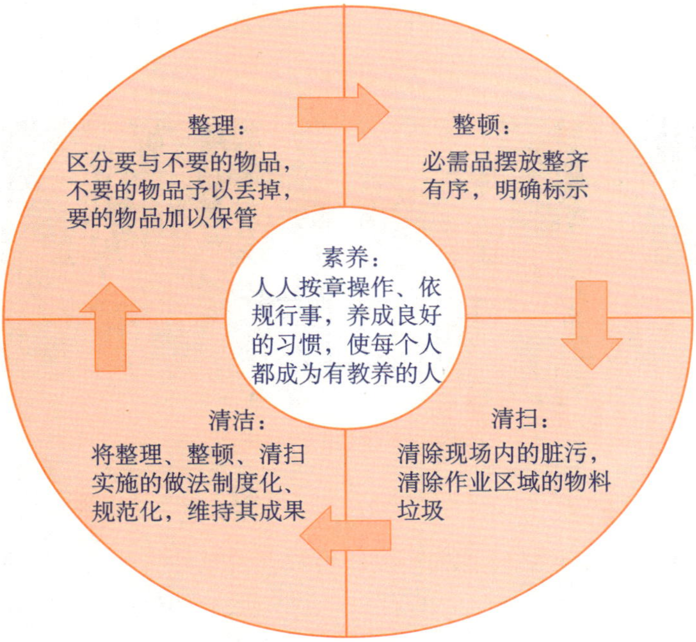

图 7-2 5S 现场管理法的具体实施方案

（一）整理

生产过程中经常有一些残余物料、待修品、待返品、报废品等滞留在现场，既占据空间，又阻碍生产，如果不及时清除，会使现场变得凌乱。

整理的具体实施方案：将工作场所物品区分为必要的与不必要的。不必要的物品应尽快处理以腾出空间，防止误用、误送，以创造整洁的工作场所（见图 7-3）。

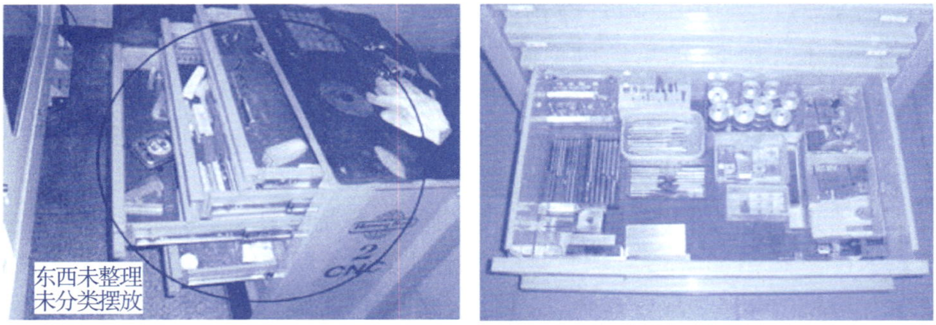

图 7-3　整理前后对比图

（二）整顿

整理之后留在现场的必要物品通常凌乱不堪，各个部门的必要物品难以识别，这种情况需要进行整顿。

整顿的具体实施方案：首先，整理之后留在现场的必要物品应分门别类放置，排列整齐，使工作场所一目了然。然后，明确必要物品的数量并进行有效标识，消除过多的积压物品以减少找寻必要物品的时间，提高效率（见图 7-4）。

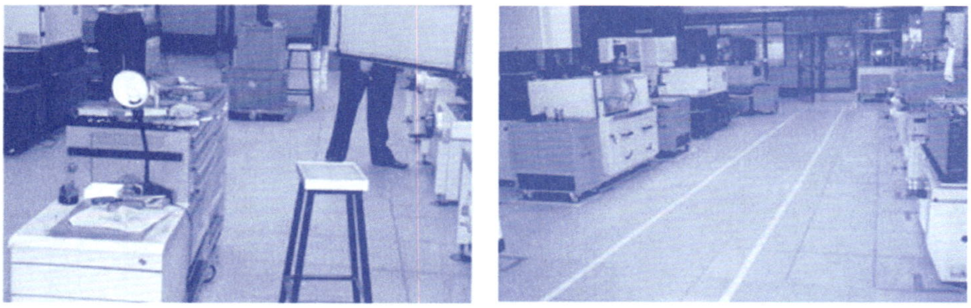

图 7-4　整顿前后对比图

（三）清扫

整理及整顿后，需要将工作场所彻底打扫以消除脏污，保持工作场所的清洁、干爽，以稳定产品的品质并减少生产过程中可能会发生的机械伤害事故（见图 7-5）。

图 7-5　清扫前后对比图

（四）清洁

与字面意义的清洁不同，这里的清洁是指将之前三个步骤（整理、整顿、清扫）的做法制度化、规范化，以明确整个 5S 现场管理法的实施过程，并有效地维护实施成果。

（五）素养

实施 5S 现场管理活动容易，但长时间的维持必须靠素养的提升。企业可通过晨会、班组会议等手段，提高全员文明礼貌水准，培养具有好习惯、遵守规则的员工，更好地树立团队精神，有效地维护 5S 现场管理法的实施成果。

五、5S 现场管理执行力的评价

5S 现场管理法的实施要点是要确立科学、严格的现场管理执行力评价指标体系。在企业运行过程中，执行力的强与弱是企业管理方法能否顺利贯彻实施的重要标准。

从 5S 现场管理法在企业中的实施情况来看，缺乏有效的评价体系、无法对实施效果进行量化的评定，是企业的通病。现场管理执行是指在企业战略的指导下，通过现场管理者发挥现场人员和组织的功效、调配各种有效的资源，从而最大限度地完成组织任务和执行组织战略，实现企业收益最大化。

根据现场管理执行的内涵，现场管理执行水平受到以下三个因素的制约：人与组织、执行过程、执行结果。因此，应当建立表 7-1 所示的 5S 现场管理执行力评价指标体系。

表 7-1　5S 现场管理执行力评价指标体系

模块	子模块	一级指标	二级指标
人与组织	素养	劳动纪律	准时上岗率
			出勤率
		工作态度	工作积极性和主动性
			团队意识
执行过程	整理	工作环境	生产余料、废料的处理
			长期闲置、备用工具的摆放
	整顿	工具的取用	按规定、定量领取
	清洁	卫生环境	卫生环境符合生产标准
	清扫	卫生负责体制	生产废料堆积率
			体制健全程度
执行结果		顾客满意度	事故发生率
			顾客投诉次数

活动体验

如果在现场管理中出现了被管理的人力、物力凌乱无序或者无法整合的情况，你所在的小组应该怎样解决？

活动一：案例分析

中建八局可视化安全管理

中建八局先后承建了上海国家会展中心、上海世博园、上海迪士尼乐园、G20 杭州峰会主会场、厦门国际会议中心等一大批具有重要影响力的项目。为克服建筑施工项目存在的难点，该公司在认真开展各项活动的基础上，总结出可视化安全管理经验，具体内容如下：

一、人员（责任）可视化

明确部位标识、施工负责人、安全负责人、联系方式，便于及时联系责任人进行维修和整改，便于监督设备设施责任人履职。

二、安全教育可视化

所有新进场人员经过入场安全培训后，在安全帽上贴“入场安全教育”字样的帽贴，便于识别人员是否接受过入场教育，快速核实违章人员身份、教育状态。特种作业人员经专项教育培训后，在入场安全教育帽贴旁张贴特种作业人员帽贴，便于识别特种作业人员是否经过专项教育；便于对特种作业人员重点监控，快速核实违章人员身份、教育状态。

三、违章可视化

第一次违章，剪掉一个角，口头警告一次；第二次违章，剪掉两个角，进行再教育；第三次违章，剪掉三个角，清退此工人。

四、危险源可视化

施工现场入口处设置危险源公示牌、动火作业公示牌。基坑边设置安全要求警示。临边、洞口设置警示标识、红白色警示带。配电箱设置警示标识、红白色警示带。

脚手架等安全设施悬挂绿、黄、红三种颜色标识牌来区分不同的安全状态。绿色表示正确穿戴劳防用品即可使用，黄色表示一定条件下可使用，红色表示禁止使用。

五、设备设施检查可视化

每月使用一种颜色“已检查”标签（黄、绿、蓝）。对不合格设备设施张贴红色标签。

六、人员角色可视化

橙色反光背心：现场管理人员；

黄绿色反光背心：现场作业人员；

白色安全帽：项目管理人员；

红色安全帽：安全监管人员；

黄色安全帽：普通作业人员；

蓝色安全帽：特种作业人员。

可视化安全管理方法形象直观，有利于提高工作效率；透明度高，便于现场人员互相监督；有利于产生良好的生理和心理效应。可视化安全管理方法在施工现场可以做到管理人员、作业人员快速信息交换；准确、快速地获得现场危险源、存在风险、责任人联系方式等安全信息；保证未受教育人员不进入现场，设备设施未经检查验收不投入使用。

总结分享：

在工作或学习中，组织若不科学、系统地整合人力和物力资源，就无法使其发挥合力。实施现场管理，就是要让凌乱无序的资源得到整合，并让大量的优质资源发挥其应有的作用。

分组讨论上述案例，如果在现场管理中出现了被管理的人力、物力凌乱无序或者无法整合的情况，你所在的小组应该怎样解决？

活动二：游戏——阅读与分析

活动规则：

仔细阅读表 7-2 中的内容，查看相关故事背景后做出选择。注意不要耽误时间，也不要交头接耳。

故事背景：

某店主刚关上店里的灯，一名男子就来到店堂并索要钱财。店主打开收银机，收银机内的东西被倒出来而那个男子逃走了。一名警察很快接到报案。

表 7-2　听说训练——筛选细节，梳理线索

1. 店主将店内的灯关掉后，一男子到达	正确（　）	错误（　）	不确定（　）
2. 抢劫者是一名男子	正确（　）	错误（　）	不确定（　）
3. 来的那个男子没有索要钱财	正确（　）	错误（　）	不确定（　）
4. 打开收银机的男子是店主	正确（　）	错误（　）	不确定（　）
5. 店主倒出收银机中的东西后逃离	正确（　）	错误（　）	不确定（　）
6. 故事中提到了收银机，但没说里面具体有多少钱	正确（　）	错误（　）	不确定（　）
7. 抢劫者向店主索要钱财	正确（　）	错误（　）	不确定（　）

续表

8. 索要钱财的男子倒出收银机中的东西后，急忙离开	正确（　　）	错误（　　）	不确定（　　）
9. 抢劫者打开了收银机	正确（　　）	错误（　　）	不确定（　　）
10. 店内灯关掉后，一名男子进来了	正确（　　）	错误（　　）	不确定（　　）
11. 抢劫者没有把钱随身带走	正确（　　）	错误（　　）	不确定（　　）
12. 故事涉及三个人物：店主、一名索要钱财的男子、一名警察	正确（　　）	错误（　　）	不确定（　　）

（1）这样的管理存在什么问题？

（2）如果采用5S现场管理法，应该怎样在日常管理中提升维修效率？

参考解析

活动三：案例分析

车辆故障诊断与排除

小王是某汽车维修站员工，在维修车辆时需要使用机油滤芯拆卸专用工具。当他进入仓库拿工具时，由于工具摆放杂乱无序，因此小王跑来跑去花费了很长时间，仍没有找到，不仅延迟了维修时间，降低了生产效率，而且工作情绪受到了影响，变得焦躁起来。

总结分享：

（1）这样的管理存在什么问题？

（2）如果采用5S现场管理法，应该怎样在日常管理中提升维修效率？

自我评估

校园寝室整理考核

表 7-3 是校园寝室整理考核表，请你根据自己在学校寝室内的生活情况，将各项物品根据使用频率和必要程度分类。如果是经常使用或重要的，在“有必要”一栏中打钩；如果是不常用或无用的，在“没有必要”一栏中打钩。归类后，在处理结果中选择是否留存：如果是必要的物品，则在处理结果中填写“留存”；如果需要移走，需要考虑是更换场所保存还是清洗翻新；如果完全无用，则在处理结果中填写“遗弃”。

表 7-3 校园寝室整理考核表

考核细则	项目	有必要	没有必要	处理结果
床铺	要用到的被褥和枕头			
	床单和床罩			
	备用的被子和毯子			
	长时间不用的有用物品			
	长时间不用的无用物品			
	床铺板上的废品及垃圾			
	脏的床上用品			
橱柜和鞋柜	平时要看的书			
	每天要用的生活必需品			
	待换洗的衣、裤、袜			
	待换的床单、毛毯、枕巾			
	每天晚上要穿的拖鞋			
	一周内要用到的物品			
	长时间不用的有用物品			
	长时间不用的无用物品			
	长时间不穿的鞋子			
	生活垃圾及其他遗弃物			
其他物品摆放	个人每天的生活物品			
	每天都要用的清扫工具			
	不能再使用的清扫工具			
	长时间不用的有用物品			
	长时间不用的无用物品			
	学校规定寝室中不允许学生存放的物品			
	打扫过程中的废弃用品及垃圾			
	寝室内的学生私自张贴物（画）			
	生活中的废弃用品及垃圾			

任务二 7S管理时时有

情景导入

海尔集团服务人员为客户提供服务时的标准流程是进门先穿鞋套，以防弄脏客户的地板。这一看似不起眼的动作，给客户留下了深刻的印象。海尔集团拓展了源于日本的5S现场管理方法，并加上了“安全（Safety）”这一因素，构成了6S管理方法。6S管理方法包括以下因素：整理，留下必要的，其他全部清理掉；整顿，有必要留下的，依规定摆整洁，并加以标识；清扫，工作场所看得见、看不见的地方全部清扫干净；清洁，维持清扫、整理的结果，保持干净亮丽；素养，每位员工养成良好的习惯，遵守规则，有美誉度；安全，一切工作均以安全为前提。以上构成了6S管理方法的内容。这也是海尔集团实行多年的“日事日毕，日清日高”管理方法的主要内容。每天工作表现不佳的员工会站在大脚印上反省自身表现的不足之处。公司通过这种“负激励”的做法提高了员工的工作效率和绩效。

起初，在海尔集团本部，6S管理方法只应用于违反公司规定的员工，以向其他员工提供反面教材，同时激励该犯错员工“知耻而后勇”。但从公司于2000年在文化背景与国内迥异的欧美国家设立海外工厂开始，这种通过员工当众自我反省错误的反向激励法遭到了当地员工的抵制：在海尔集团美国南卡罗来纳州工厂里，中方领导发现当地的美国工人在车间里工作时会一边听着随身听一边工作，或者随意在车间内吸烟，有些员工并没有按照工厂的生产要求着装，甚至将自己的文身暴露在外。

但当工厂准备依据规定让这些美国员工站到大脚印上反省自己违规的行为时，他们并不愿意站在大脚印上当众充当“反面教员”。这些工人认为，让员工当众接受批评与惩罚，是对员工的侮辱。工厂管理人员经过研究后决定，变反省错误为表扬成绩。工厂鼓励表现优异的美国员工站在大脚印上与其他同事分享自己成功的经验。“负激励”变成了“正激励”，员工们很乐意在大脚印上介绍自己多年的成功经验，或是引以为傲的一技之长。随着站在大脚印上的演讲者越来越多，车间里随意吸烟、听随身听等行为渐渐消失了，取而代之的是整洁的工厂环境与文明的工作氛围。

改良后的6S管理方法在美国工厂取得成功后，国内的海尔公司也吸纳了美国工厂管理的合理之处。渐渐地，越来越多表现优异的员工也站上了海尔集团中国国内公司的大脚印上。

思考与讨论：

（1）海尔6S管理方法有哪些好处？

（2）很多企业都采用5S、6S、7S管理，6S、7S管理又是什么呢？它们5S管理有什么关系呢？

知识精讲

一、7S 现场管理的相关概念

7S 现场管理是由 5S 现场管理法改进而来的，引入安全（Safety）和节约（Saving）概念，成为新的 7S，包括整理（Seiri/Organization）、整顿（Seiton/Neatness）、清扫（Seiso/Cleaning）、清洁（Seiketsu/Standardization）、素养（Shitsuke/Discipline and Training）、安全（Safety）、节约（Saving）七个方面。7S 现场管理可广泛应用于企业生产与学校实训教学中，对实践具有指导作用，并能保证生产与教学的顺利实施。

（一）整理

整理是指对生产现场的物件和设备等进行清理，将要与不要的人、事、物分开，再处理不要的物品。简单地讲，一方面，现场整理后，将不用及报废的物品清除，留下需要的物品，从而扩大作业空间、减少危险，确保方便操作、运行畅通；另一方面，通过整理避免浪费，变废为宝。整理是改善环境的第一步。

（二）整顿

整顿要求生产现场、设备、物品、通道等规划及摆放整齐、运作有序，将需要的人、事、物加以定置定位，科学、合理地布置，以保证人员在作业中能迅速取得所需之物，从而提高工作效率。同时，合理的整顿还可以防止人和物拥挤、碰撞和混杂。如果人和作业对象、工位、器具摆放无规律、运行无秩序，不仅浪费作业空间和作业时间，而且影响安全、生产、服务和效率。

（三）清扫

清扫的引申含义是保养，要求养成每日清扫习惯。通过清扫，场地、设备、工具、物品等保持清洁，使生产现场卫生、舒适，清除脏、乱、差的环境，创造一个使员工发挥其最佳精神状态的生产现场环境。

（四）清洁

清洁是对整理、整顿、清扫三项进行规格化、制度化的落实，使设备、环境、人的仪表和服务场所等清洁有序。通过清洁，不仅要做到环境、人员和物料的整齐，还要保证持之以恒，使员工心情愉快地工作。

（五）素养

通过整理、整顿、清扫、清洁活动，生产现场管理工作得到了改善。在此基础上，企业应不断提高员工的技术素质，使其养成良好的工作习惯，培养其自觉地遵守各项操作程序、规章制度和工作纪律，这是 7S 现场管理的核心。

（六）安全

安全即清除隐患，排除险情，预防事故的发生。目的是保障员工的人身安全，保证生产的连续、安全、正常进行，同时减少因安全事故带来的经济损失。

（七）节约

节约，即对时间、空间、能源等方面合理利用，以发挥它们的最大效能，从而创造一个高效率的、物尽其用的工作场所。节约是对整理工作的补充。实施节约活动时应该秉持三个观念：物尽其用、主人翁心态、剩余价值与再利用。

二、7S 现场管理的实施重点与推行目的

（一）7S 现场管理的实施重点

在 7S 现场管理中，重点工作应当放到素养这一环节。在 7S 现场管理中，企业不断教育员工做好整理、整顿、清扫工作，其目的不只是摆放整齐物品、擦拭干净设备，最主要的是在琐碎而单调的动作中，潜移默化地改变员工的思想，使他们养成良好的习惯，进而能遵守纪律，按照规章制度、标准化作业规程来行动，变成一个真正具有高尚情操的优秀从业者。

（二）7S 现场管理的推行目的

1. 提升企业形象

干净整洁的工作环境会使顾客产生信赖感。当顾客、合作伙伴、政府官员、社会团体对作业现场进行观摩后，会使企业的形象和社会声誉得到提高，成为行业内外学习的榜样。

2. 提升员工的归属感

员工素养得到提高，并且其工作环境得到极大改善，这就会使员工产生成就感和满足感，从而积极主动地做进一步的改善，树立起“工厂是我家”的理念。

3. 减少浪费

7S 现场管理的实施会促使企业减少资金、场所、成本等方面的浪费，消除不必要的步骤和环节，提高生产效率。

4. 保障人员与物品安全

7S 现场管理使作业区域整齐有序、通道明确畅通、物品堆放有条不紊，这样消除了安全隐患，保证了人员和物品的安全。

5. 提高效率

7S 现场管理使得工作场所一目了然，工作气氛得到有效的改善，物品摆放有序、工作伙伴素养提高，这些都会使得员工的工作效率得到提高。

6. 降低生产成本

企业推行 7S 现场管理，可以减少浪费、确保安全、提高效率，从而使日常的管理与维护成本大大降低。

7. 保证企业安全生产

整理、整顿、清扫后，必须做到储存明确、物归原位。工作场所内要保持宽敞、明亮、通道畅通，不应放置的物品必须及时清理。生产条件得以保障，意外事故发生的概率就会大大降低。

三、7S 现场管理法的具体实施目的及要点

（一）整理的实施目的及要点

1. 整理的实施目的

整理具有腾出空间、防止误用和误送，以及创造舒适的工作场所等作用。生产过程中经常会出现残余、待返修或已报废的物料滞留现场，以及已经无法使用的工具、设备等。如果不及时清除这些物品，不仅会使生产现场变得凌乱，而且占据了空间，阻碍了生产。这种现象会连带产生诸多问题：有限的空间会因杂物占据而减少；急需的工具无法在第一时间找到，浪费时间，影响效率；增加了盘点的困难，甚至导致成本核算失准。如果上述现象得不到有效的解决，问题与隐患将越积越多，浪费和损失也会不断扩大。整理的实施目的正是遏制或预防这些问题的出现。

2. 整理的实施要点

（1）全面检查。全面检查自己的工作场所，包括看得见和看不见的地方（设备内部、橱柜后、踏板下等死角）。全面检查有助于员工对周边工作场所有全面的了解，清楚场所内的所有工具设备和物品，这是整理的基础性工作。相关人员检查时要不断提问，并做出判断后加以整理、清除。例如：场所或空间是否凌乱？有没有随手乱放的情况？有无工具或材料掉到地上？能不能将必需的物品做好标识、分类放好？

（2）确定“要”与“不要”。在日常办公、生产、教学实训中，需要清点物资后做好分类：将办公或生产用品、周转用的盛具、使用中的垃圾桶、备件和原材料以及半成品、消防安全用品等列为需要保留的物品；将不再使用、废弃、破损、过期的各种物资归类到不需要的物品清单中。

（3）及时清除不必要物品或废弃品。确定物品是否需要后，就应当按照清单将必需品按类别归纳好，及时清除不必要物品或废弃品。

（4）废弃物处理要得法。在场地允许的前提下，可以将废弃物采取统一堆放的方法保存，同时需要注意安全。如果废弃物仍存在变卖的价值，则需要尽快将其变卖给废品回收站。

（5）每日自我检查。在实施上述步骤时应注意：评判物品的价值时，重要的是

物品的“现使用价值”而不是“原购置价值”。

（二）整顿的实施目的及要点

1. 整顿的实施目的

整顿就是将所有留下来的物品固定位置，明确放置的方法并予以标识，以便在需要的时候能够及时找到。因此，整顿具有消除因“寻找”造成的浪费、消除过多的积压物品、使工作场所清楚明了、保持整齐的工作环境等目的。

2. 整顿的实施要点

（1）定点。定点是指将物品按指定地点放置。

（2）定量。定量是指放置的物品应当保持合适的数量。

（3）定容。贮存物品应有最大或安全库存量。定容是指对贮存物品的库存量做出规定。

（4）目视管理。目视管理是指通过设置标识、制定区划线等使人员对场所、物资、设备等有直观的认识。

（三）清扫的实施目的及要点

1. 清扫的实施目的

7S 现场管理的第三个步骤是清扫。所谓清扫，不仅是指清扫垃圾和污垢，还包括维持和预防。实际上，清扫的要求在于细心地检查，让所有物品都保持在最佳状态。因此，清扫的目的是保持令人心情愉快、干净整洁的环境，减少脏污对产品品质的影响，减少工业伤害事故。

例如，在产品加工车间，如果没有加装防尘挡板和废料回收装置，就会使操作人员长期暴露在污染高、粉尘浓的环境下，身心健康易受到不良影响；生产场所也会因为垃圾和废料的随意抛洒而变得凌乱不堪。

2. 清扫的实施要点

（1）彻查与全面处理。针对所有工作场所、设备器材进行清扫。在这一环节中需要注意的是：

1）在开始工作前，应当采用图标划分范围、分配工作，明确每个人应扮演的角色和承担的责任。

2）在工作开始后，要先将天花板、空中管道、棚架顶和设备背后等不易清理的部位清扫干净。

3）在清扫场地和整理器材的过程中，及时发现潜在的问题，避免情况的恶化。

4）不断总结，寻找新途径以加快清扫过程，集中力量处理死角以及清扫难度大的区域。

（2）采取有力措施进行整改。在这一环节，需要采取下列步骤：

1）应当找出污染源头。这需要明示垃圾池、垃圾桶、废物箱等的放置区域，同时标明禁止堆放界线（如消火栓、电闸前面），杜绝乱堆、乱放、乱扔现象的再度发生。

2）针对容易产生粉尘、喷雾、飞屑或黏性废弃物的设备，应当设计并安装改善与收集装置；减少进入生产现场的车辆，以免将灰尘、泥土带入厂房，叉车进入厂房前应先清洗车轮。

3）整改措施中要加强对设备器材的清理与保养。

（3）秩序。通过制定制度来维持管理秩序，以井然的秩序来保持厂房整洁。

（四）清洁的实施目的及要点

1. 清洁的实施目的

清洁是将上述 3S 实施的做法制度化、规范化，加以贯彻执行并维持。清洁的目的实现关键在于将前面 3S 规范化。

2. 清洁的实施要点

（1）制定制度。这是指制定标准、形成制度，落实前面的 3S 工作。

（2）定期评比。这是指在员工与部门之间开展定期评比，以激励员工之间竞相执行清洁制度。

（3）执行奖惩。这是指制定奖惩制度，加强执行。要将清洁工作的实施效果与奖惩措施挂钩，使员工遵循制度，令行禁止。

（4）反馈巡查。管理层要经常带头巡查，引发全员重视。管理层巡查时应确认：是否有针对每一个岗位制定的日常确认表，有无明确应负责的范围、对象、方法、周期要求，清洁工作的实施及记录状况是否合乎标准，厂区内所有的区域、设备有无明确的负责人。

（五）素养的实施目的及要点

1. 素养的实施目的

推行素养的目的在于培养具有好习惯、遵守规则的员工，塑造团体精神。许多企业在推行 7S 现场管理一段时间后，员工逐渐懒散。为了使 7S 现场管理能长期坚持下去，企业应开展多层次和多种形式的活动，同时还要建立一套完善的、严格的评比、奖惩制度。

需要注意的是，形成好的习惯并非一朝一夕的事情，所以素养活动必须配合坚持不懈的教育，直至员工形成良好的习惯。

2. 素养的实施要点

（1）统一标识。企业一般通过制定统一的服装、肩章、胸章、挂牌、工作帽等标识物来达到标准的统一。下面以职业装为例介绍相关标准。

一般而言，职业装分为以下几类：

1）职业工装（见图 7-6）：是根据人体工学、护身功能来进行外形与结构的设计，强调保护、安全及卫生作业功能的服装。它是工业化生产的必然产物，并随着科学的进步、工业的发展及工作环境的改善而不断改进。

2）职业制服：是一种为体现自己的行业特点，并有别于其他行业而特别设计的着装。这种职业装不仅具有识别的象征意义，还规范了人的行为并使之趋向文明化、秩序化。职位越高，颜色与面料越考究，如军装、警服、公司商务装等。

3）行政职业装（见图 7-7）：这种职业装是在商业行为和商业活动中最为流行的一种服饰，兼具职业装与时装的特点。它讲求穿着场合，具有很浓厚的商业属性，这类服装追求品位与潮流、用料考究，造型上强调简洁与高雅，色彩上追求协调，总体上注重体现穿着者的身份、文化修养及社会地位。

图 7-6 职业工装

图 7-7 行政职业装

职业装的款式一般以简洁大方为主。穿着职业服装不仅是对服务对象的尊重，同时也使着装者有一种职业的自豪感、责任感，是敬业、乐业在服饰上的具体表现。穿着职业服装的基本要求是整齐、清洁、挺括、大方。

服装必须合身，袖长至手腕，裤长至脚面，裙长过膝盖，内衣不能外露；衬衫的领围以插入一指大小为宜，裤、裙的腰围以插入五指为宜。不挽袖，不卷裤，不漏扣，不掉扣；领带、领结、飘带与衬衫领口要贴合且不系歪；如有工号牌或标志牌，要佩戴在左胸正上方，有的岗位还要求戴好帽子与手套。

衣裤无污垢、无油渍、无异味，领口与袖口处尤其要保持干净。衣裤不起皱，穿前要烫平，穿后要挂好，做到上衣平整、裤线笔挺。款式简练、高雅，线条自然流畅，便于岗位接待服务。

（2）统一规定。企业制定上下共同遵守的规定。

（3）遵守礼仪。企业规定内部的礼仪规范，并使员工共同遵守。

（4）教育训练。训练是素养的重要手段。训练的方法有很多，如企业可采用口头指示的方式或者利用漫画、图片等说明某项操作要领，以起到加深印象的效果。

在企业内，各种训练方法应综合运用，可以起到提醒员工执行检查和清理任务的作用。需要注意的是，企业应提倡员工一起参与规格化文件和检查表的制定工作。

（5）精神提升。企业可通过多重形式的会议和活动来改善员工的精神面貌，如早会、竞赛、礼仪培训等活动。

（六）安全的实施目的及要点

1. 安全的实施目的

安全是生产活动的基础。所有企业都是在人员、物资确保安全的前提下顺利运行的。保证安全，就是要保证遵循基础、牢记安全意识、明示警示标识、加强定期检查。

2. 安全的实施要点

（1）遵循基础。进行安全管理的基础是整理、整顿和清扫，以保证通道和休息场所不被占用；物品放置、搬运时应考虑安全因素；工作场所应宽敞明亮、物品一目了然。

（2）安全意识。安全管理的重点在于安全意识的培养。企业要使员工在日常生产或实训中掌握安全要领，正确使用保护器具，自觉杜绝违规作业等不安全行为。

（3）警告标志。警告标志（见图7-8）应当放置于醒目、危险系数较高的场所；消防设施、灭火器材应当数量齐全，具备醒目标识；紧急逃生路线务必明确，一旦突发意外情况，应将员工生命安全摆在首位。

（4）定期检查。所有设备都要定期进行清洁、检修和保养。若在检查中预先发现存在的问题，应及时整改，从而消除安全隐患。

图7-8 各类警告标志

（七）节约的实施目的及要点

1. 节约的实施目的

在 7S 现场管理法的推行中，节约的目的是杜绝企业的浪费，包括人员的浪费、设备的空置、材料的无谓消耗、资金的不当花费等。

2. 节约的实施要点

企业在生产与办公中，应当时刻注意节约，将日常节约作为管理的重点，着重处理公用资源的浪费。例如：节约用水，不做无谓的浪费；人走灯灭，停工时随手关闭电源；打印普通材料时用单面无字纸等。

四、红牌作战策略的应用

红牌作战策略经常应用于 7S 现场管理的整个实施过程中，对于预先发现和彻底解决工作现场的问题具有十分重要的意义。

（一）什么是红牌

所谓红牌，是指用红色的纸做成的 7S 问题揭示单。其中，红色代表警告、危险、不合格或不良。7S 问题揭示单记录的内容包括责任部门、对存在问题的描述和相应的对策、要求完成整改的时间、完成的时间以及审核人等。在红牌作战的整个过程中，首先由执行办公室来牵头贴红牌，相关部门在要求的时间内进行整改，最后由执行办公室验收合格后再将红牌撤销。每次红牌作战时，相关人员都要进行详细的记录：第几次红牌作战、在哪个部门张贴的红牌等。

（二）红牌作战的目的

在 7S 现场管理中实施红牌作战策略，就是不断地寻找出所有需要改进的事务和流程，并用醒目的红色标牌来标识问题的所在，然后通过不断地增加或减少红牌，从而达到发现问题和解决问题的目的。

因此，红牌作战侧重于寻找工作场所中存在的问题，一旦发现问题，即使用相应的红牌进行醒目的标记，防止由于时间拖延而导致问题被遗忘，并且要时刻提醒和督促现场的工作人员解决问题，直至摘掉红牌。

（三）红牌作战的实施对象

红牌作战策略贯穿于整个 7S 现场管理的实施过程中，在整理、整顿、清扫、清洁、素养、安全、节约七个步骤中都能够得到很大的应用。在 7S 现场管理的各个阶段中，红牌作战策略的具体内容是有所区别的，简单介绍如下：

1. 整理

在整理过程中，应该能够清楚地区分要与不要的物品，留下必需品，坚决、彻底地抛弃不要的物品，并能够从中寻找出需要改进的场所和物品。在这一过程中，应用红牌作战策略的主要目的就是寻找工作场所中的可改进之处。

2. 整顿

在整顿过程中，需要按照“定物、定位、定量”的基本原则，针对需要改善的场所和物品，分别用红牌标示。这样就能很直观地看到工作场所中不合理的物品摆放的状况，提醒工作人员加以改善。

3. 清扫

清扫过程就是针对红牌问题，提出有效、合理的改善措施，从而减少“红牌”的数量。清扫时要特别注意对以下场所和物品重点给予红牌标示：有油污的设备、不清洁的设备、藏污纳垢的死角、其他现场中不应该出现的物品。

4. 清洁

由于在清扫过程中已经针对不合理的场所和物品进行了红牌标示，因此在清洁过程中就要分析具体的红牌问题，寻找问题产生的根源，进而提出解决方法，尽量减少工作场所中的红牌数量。

5. 素养

在培养素养的阶段，红牌作战依然是很有效的手段。红牌作战可以帮助员工养成良好的工作习惯，提高自身的素质，在工作中能够时时刻刻注意寻找需要增加红牌的场所和物品，同时要想尽一切办法减少红牌的数量。

6. 安全

设备损害、人身伤害等突发事件，不仅会给企业正常的秩序带来负面影响，而且会影响企业的形象。在 7S 现场管理实施过程中，定期进行安全审查，对存在安全隐患的地方出示红牌，能最大限度地避免安全事故的发生。

7. 节约

对存在的浪费行为进行红牌标示。

（四）红牌作战的实施要点

（1）红牌作战过程中遇到的某一类问题可以迅速、有效地得到解决。这些问题一旦得到解决，就应该及时将工作现场的红牌摘掉。例如：消除了不整齐的摆放、清除了设备油污、修复了损坏的办公桌椅后，现场的员工应该立即将原来标示的红牌摘除，防止出现新旧红牌的混杂。

（2）红牌作战过程中遇到的一部分问题并不能立刻得到解决。红牌作战是一个持续的过程。对此，管辖区域内出现红牌的部门应该立即商量对策、采取行动，直至将红牌摘除。

活动体验

活动一：讨论

看看下列问题在我们的日常学习或生活中是否存在（见表 7-4）。

表 7-4　日常学习或生活中存在的问题

序号	问题描述	回答
1	急需的东西找不到，每次想找一件东西，都要打开所有的抽屉翻箱倒柜	□是 □否
2	宿舍内的个人物品摆放杂乱无章、桌面上的东西凌乱不堪，一进办公室或者属于自己的办公、学习空间就有一种压抑感	□是 □否
3	平时用不到或很少用到的东西堆了很多，想处理掉却又舍不得，不处理又占用空间	□是 □否
4	书桌或工作台面上有一大堆东西，想清理却不知道从何下手	□是 □否
5	感觉自己身处的环境脏乱，上班或上课时情绪不佳	□是 □否
6	材料、成品仓库堆放混乱，账物不符，大量的空间都被长期不用的物品占据着	□是 □否
7	生产、实习现场设备灰尘很厚，地面沾满泥垢，长时间未清扫，有用和无用的物品同时存放，活动场所空间变小	□是 □否
8	生产车间道路堵塞，实习工位狭窄，行人不便通过	□是 □否

活动二：讨论

实训车间现场管理思路

实训是高职院校的重要教学组成部分。在不同工种、不同专业的实训场地中，经常存在这样或那样杂乱、低效甚至不安全的情况。作为高职院校的学生，我们应当注意下列要求，以提高实训教学的效率，保障实训安全，保证实训现场的整齐有序（见图 7-9）。

图 7-9　实训车间进行现场管理后整齐有序的场景

（1）室内物品存放的位置必须经过科学的设计、认真的清理，做到合理、方便、整齐、有序。

（2）柜顶上不摆放物品，柜底不放杂物，所有物品定置摆放。

（3）储物柜上的工具均是当日要用的。

（4）柜内物品要按照工具、物料分类标识清楚，每个储物盒中的物品超过三种就应列出目录清单。

（5）文件柜内的文件、资料，一个月内经常使用的放在上面，半年内周期性使用的放在中间，两年内周期性使用的放在下面，做到便于查找、整齐美观、号位一致。三年以上（含三年）要使用的归档保存。

（6）定置图贴在柜门左边内侧。储物柜内的物品分类存放并附带标识，字体为 3 号宋体，如物品有两种以上，就需要列出目录清单。柜体实行一柜一图，柜内每层、每堆物品应有定置标识，标识内容与实物相符。

（7）教室、车间场地内不得随意悬挂、张贴各类物品。可悬挂物品包括展示板、挂钟、定置图和宣传标语（图画）。

（8）卫生用具放在规定位置，并保持清洁。

（9）地面平整、干净、通畅，门窗、墙壁、天花板、室内照明设施完好。

（10）各种电气设备导线、线缆集束，整齐、美观，并符合安全要求。

（11）下课、放学后关闭所有电气设备电源及门窗。

（12）实训场所张贴 5S 标语，明确标识区域线、警示线，张贴各种设备的操作流程图。

（13）实训场所配置看板用于标明每天实习的班级及训练内容，用提示板提醒学生完成任务的操作要点及注意事项。

分组讨论上述要求：作为学生应当遵守哪些要求？除了上述要求，我们还应当注意哪些？每个人把自己的看法总结成文，全班进行讨论。

作为学生应当遵守哪些要求？除了上述要求，我们还应当注意哪些？每个人把自己的看法总结成文，全班进行讨论。

自我评估

7S 现场管理实施量化评分表

仔细阅读表 7-5，分组模拟生产现场或就当前实训情况进行评估。根据评分汇总，考虑你所在的小组或实训现场在管理中是否存在问题。结合所学 7S 现场管理知识，思考如果要避免问题，应该采取哪些方法。

表 7-5　7S 现场管理实施量化评分表

项目	检查状况	配分	评分权重				备注
			1	0.8	0.6	0	
整理（10分）	1. 实训场地物品整理归类、工作区域无闲置物品	3					
	2. 原材料、半成品、成品、余料、废料、垃圾等分类放置	3					
	3. 工量具、卫生用具摆放规范、有序	3					
	4. 文件、资料等及时分类、整理归档	1					
整顿（15分）	1. 实习设备设施布局科学、合理，实训场地均有责任人	2					
	2. 实训场地名牌、功能简介、区域划分等有标识	2					
	3. 管理制度、安全操作规程、安全警示标志齐全且上墙	3					
	4. 原材料、半成品、成品等堆放整齐且有标识	2					
	5. 工量具、卫生用具使用后及时归位	2					
	6. 仪器设备有定期保养和安全检查记录	4					
清扫（15分）	1. 实训场地有卫生清扫值日表并严格执行	2					
	2. 仪器设备、工作台、地面、门、窗等及时擦拭	4					
	3. 废料、余料、呆滞料、垃圾、纸屑、油污等及时清理	3					
	4. 每周进行一次卫生大扫除	4					
	5. 墙壁、公告栏无乱张贴现象，过期公告及时清除	2					
清洁（10分）	1. 有检查计划，包括检查人、时间、情况等	2					
	2. 每天下课离岗前都有 7S 工作安排	2					
	3. 整理、整顿、清扫工作每天都能保持好	3					
	4. 定期或不定期检查，对不符合的情况及时纠正	3					

续表

项目	检查状况	配分	评分权重				备注
			1	0.8	0.6	0	
素养（20分）	1. 自觉遵守各项实训管理规定	3					
	2. 工作作风严谨，待人接物有礼貌	2					
	3. 按时上下课，不迟到、早退、旷课	4					
	4. 上课时间不做与工作无关之事，如聊天、吃东西、睡觉等	4					
	5. 上课按本专业劳动保护要求，穿戴工装等安全防护用品	4					
	6. 养成良好的劳动习惯，有脏乱立即清理	3					
安全（20分）	1. 实训场地安全管理制度齐全，特种作业人员持证上岗	2					
	2. 有实训安全教育，出现实训安全事故及时上报，并有事故发生、处理、整改的全过程记录	4					
	3. 严格按规范执行仪器设备安全操作规程	2					
	4. 所有安全通道保持通畅，不摆放任何物品	2					
	5. 仪器设备、物品等摆放应符合安全管理要求	2					
	6. 危险品、易燃品有安全警示，使用和处理符合安全管理规程并有使用和处理记录	4					
	7. 爱护、定期检查消防设备	2					
	8. 不带有危险的物品进入实训场地	2					
节约（10分）	1. 节约使用实训耗材、工量具等各类物品，使用后的废品、耗材统一回收利用	3					
	2. 节约用水，用水后及时关闭水龙头	2					
	3. 节约用电，下课时正确关闭电源、投影机、仪器设备等	3					
	4. 离岗、下课时关闭电灯、风扇、空调、电源、气阀、门窗等	2					
合计							

项目实训

实训主题：学习关于红牌作战的理论与实践内容。

实训要求：根据对红牌作战内容的学习与理解，以及前期已掌握的知识和已形成的团队基础，按照前面所学项目的知识，体验如何解决现场管理中的实际问题。

实训内容：

根据对7S现场管理中“安全”环节的学习，结合红牌作战的实施方法，认真进行下列活动。

1. 班内同学分组，以10人为一组，并设置组长。小组就如何提高全员安全意识、树立安全第一观念、防患于未然等相关话题进行讨论。

原则：建立安全的生活环境。

目标：所有的学习生活应在安全的前提下进行。

2. 每名组员发放一叠卡片，大家将平时自己在校园中关于个人或公共安全相关现状的所见或亲身体会写在卡片上。现状既可以是正面的，也可以是负面的（注意实事求是），一张卡片上列举一种现状。

3. 写好后由组长将卡片收齐，由教师将各组卡片汇合到一起，随后洗牌。

4. 将洗好后的卡片按照正面的和负面的两种情况，用不干胶贴在黑板上。如果有重复的卡片，则在该卡片上方标注重复了几次，将频繁出现的问题卡片和隐患严重的卡片上方贴上红牌。

5. 全班同学一起比较：我们的校园中有哪些值得提倡的安全行为？有哪些需要整改的安全隐患？班内同学的投票即为7S现场管理中的一种排查办法。通过投票，大家可以清晰地看到平日在校园内存在的安全问题和隐患。

6. 各组讨论怎样杜绝隐患，确保校园安全。

卡片中的相关安全问题内容提示：

（1）是否做到增强人身安全、财产保管意识；个人贵重物品是否不带入宿舍，以防丢失；是否做到爱护公物、不随意破坏公众设施、不擅自使用他人物品。

（2）一旦发生重大或突发事件，能否按照紧急疏散线路有序、安全撤离。

（3）有无将易燃、易爆、易腐蚀或其他危险物品带入寝室。

（4）有无下列违纪行为：在寝室内使用明火（如焚烧纸张和杂物、明火蚊香、蜡烛等）；使用电炉、电热杯、热得快、电热毯、电水壶、电饭锅、电吹风等电热器具；私自拉接电线；擅自使用、损坏消防器材和设施。

根据学到的有关7S现场管理方面的知识，对自己的校园住宿情况进行评分（见表7-6）。

表 7-6　住宿情况评分

项目	基本要求	评分要点	子项得分	本项得分
1. 整理（15 分）	1.1 室内家具放置统一、规范（3 分）	按实际评分		
	1.2 学校明令禁止使用的物品，占据空间有碍整洁、美观的物品、包装物等“不需要物品”清理出寝室（5 分）	发现明令禁止使用的物品 1 件扣 1 分；发现其他“不需要物品”1 件扣 0.5 分		
	1.3 过季衣服、被子等物品经过清洗、晾晒，叠放、收纳进衣柜中（4 分）	衣服、寝具等生活用品按照季节需要放置，过季物品置于柜内、不外露。发现 1 起扣 0.5 分		
	1.4 个人区域墙壁干净整洁，无乱挂、乱贴现象（2 分）	挂、贴明星照片等 1 起扣 0.5 分，挂、贴不健康图片的 1 起扣 2 分		
	1.5 清洁工具齐全、质量完好（1 分）	清洁工具齐全得 0.5 分，质量完好得 0.5 分		
2. 整顿（20 分）	2.1 床上用品放置统一、整齐，床面平整、被子折叠美观（4 分）	统一、整齐、平整、美观各得 1 分		
	2.2 清洗用品位置固定，有规律摆放（4 分）	毛巾、脸盆、牙刷杯、其他（护肤化妆品等）各 1 分		
	2.3 鞋子位置固定，位置够用，放置整齐（3 分）	鞋子位置固定 1 分，位置够用 1 分，放置整齐 1 分		
	2.4 体育用品和其他用品摆放位置合适，整齐有序（3 分）	体育用品 1 分，其他个人用品（箱包等）位置适合 1 分、整齐 1 分		
	2.5 晾晒衣物整齐，阳台内物品放置有序（3 分）	晾晒衣物整齐 1 分，不影响他人 1 分，阳台内物品放置有序 1 分		
	2.6 清洁工具位置固定，放置规范（1 分）	位置固定 0.5 分，放置规范 0.5 分		
	2.7 废弃物处理环保（2 分）	废弃物分类处理 1 分，处理效果 1 分		
3. 清扫（15 分）	3.1 地面每天清扫，保持清洁（2 分）	地面清洁，无废弃物，无积水，按实际评分		
	3.2 门窗每周擦洗，保持清洁（2 分）	门窗清洁，无灰尘，按实际评分		
	3.3 墙壁和顶面在必要时进行清洁，保持干净（2 分）	墙壁和顶面清洁，无污迹、鞋印、球印，无蜘蛛网，按实际评分		
	3.4 家具随时保持清洁（2 分）	床栏、扶手、桌子、橱柜、脸盆架等无灰尘，按实际评分		
	3.5 卫生间每天清洁 1 次，保持清洁，无积水，无异味（3 分）	卫生间清洁 1 分，无积水 1 分，无异味 1 分		
	3.6 个人床单、被罩清洁（2 分）	过于肮脏的，1 起扣 1 分		
	3.7 个人衣服、鞋袜经常换洗，基本无脏衣服、脏鞋袜积累（2 分）	视脏衣服、鞋袜积累程度按实际评分		

续表

项目	基本要求	评分要点	子项得分	本项得分
4. 清洁（10分）	4.1 建立卫生值日制度，执行良好（2分）	“寝室卫生值日表”上墙1分，执行情况1分		
	4.2 建立常用物品摆放规范（1分）	“常用物品摆放规范”上墙1分		
	4.3 室内环境舒适（3分） 硬环境：光线、通风、排水等（2分） 软环境：寝室文化（2分）	硬环境：按实际评分 软环境：提倡建设反映寝室特色和高职学生特点的寝室文化，按实际评分		
5. 素养（20分）	5.1 不吸烟，不喝酒，不赌博（6分）	每项2分，发现1起，该项得0分		
	5.2 遵守作息制度和请假制度（4分）：按时起床，1分；按时就寝，1分；按时出入寝室，1分；有事请假，1分	按时起床：无故不按时起床，发现1起扣1分 按时就寝：熄灯后未回寝室，发现1起扣1分；熄灯后讲话，发现1起扣1分 教学时间无故在寝室，发现1起扣1分 不请假擅自回家，发现1起扣0.5分		
	5.3 自觉维护公共卫生（4分） 自觉维护走廊、过道等室外卫生，2分；不将方便面、盒饭等速食类食品带入寝室，2分	垃圾乱丢、污水乱倒等不文明行为，发现1起扣1分； 将方便面等速食类食品带入寝室，发现1起扣0.5分		
	5.4 爱护公物（2分）	发现损坏门窗（含玻璃、锁销）、床、桌椅、卫生设施等公物的，按照程度，轻微的1处扣0.5分，严重的1处扣2分		
	5.5 同学间互相关心，和睦相处（2分）	按实际评分。发现打架1起扣2分，有吵嘴、骂人现象扣1分		
	5.6 自觉服从楼层管理员（生活指导老师）管理，讲礼貌（2分）	走访管理员（生活指导老师），根据其评价评分		
6. 安全（20分）	6.1 各种设备设施维护良好，处于正常使用状态；发现问题立即维修并达到安全标准（3分）	设备设施不能正常使用，或者是报修后24小时内未能修复，发现1起扣1分		
	6.2 寝室附近消防器材的设置符合消防安全规定，掌握消防器材的正确使用方法（3分）	消防器材设置符合规定1分；做到“三懂”（懂防火知识，懂灭火知识，懂防火制度）1分；四会（会报警，会使用灭火器，会扑救初期火灾，会疏散自救）1分		
	6.3 公共（安全）通道通畅，并有明显指示（2分）	通道通畅1分，指示明显1分		

续表

项目	基本要求	评分要点	子项得分	本项得分
6. 安全（20 分）	6.4 无违纪违规现象（12 分）： 无违规使用电器和私拉乱接电线，私自变更保险丝熔断电流等现象 3 分；无携带、存放管制刀具现象 1 分；无夜不归宿现象 2 分；无留宿外人现象 1 分；无就寝拼铺现象 1 分；无爬窗越墙返回寝室现象 1 分；无个人财产不安全情况 1 分；无其他不安全、不健康的情况 2 分	发现 1 起扣 1 分；造成不良后果的，加倍扣分；造成不良后果的，本项指标得 0 分 发现管制刀具，1 起扣 1 分 发现无故夜不归宿，1 次扣 1 分 留宿外寝室同学，1 起扣 0.5 分 留宿校外人员，1 起扣 1 分 发现就寝拼铺，1 起扣 1 分 发现爬窗越墙现象，1 起扣 1 分 发现个人财产丢失，1 起扣 0.5 分，数额较大的加倍扣分 发现其他不安全、不健康的情况，视程度扣 1～2 分 特别严重的，本指标得 0 分		

培 根 铸 魂

大国工匠，是一种追求

田得梅是中国电建水电四局白鹤滩机电安装工程项目部天车班班长，虽然是位“90后”，却已经从事桥机（桥式起重机，又称“天车”）驾驶工作16年，是一位名副其实的“老师傅”。2023年2月28日，田得梅成功入选2022年“大国工匠年度人物”，成为十位大国工匠中唯一的女性。

时光追溯到2007年，田得梅从技校毕业，来到了位于青海省海南州的拉西瓦水电站。这里共安装了6台单机容量为70万千瓦的水电机组，是黄河上装机容量最大的水电站。刚入职，田得梅便被项目部浓厚的技术氛围所感染。做一个有“真本事”的人，对得起父母的养育和老师的栽培，成为她最初的梦想。

吊装作业属于危险性作业。经过几天学习，天车班的新手们仍无一人敢上手操作。为确保安全，田得梅别出心裁，每当桥机空闲下来，她便“挂空钩”练习。熟悉了操作方法后，她又逐步增加吊物重量。慢慢地，她已经可以独立操作吊装难度较大的设备。

拉西瓦项目结束后，田得梅来到了龙江水电站。再次出色完成任务后，她又被派往向家坝水电站机电安装工程项目。

不同于其他工程，向家坝水电站安装了当时世界上单机容量最大的80万千瓦水轮发电机组。首台机组转子吊装当天，看着前辈们操控桥机将1 860吨的转子顺利吊装就位，同是天车工的田得梅心中满是羡慕。她暗下决心，一定要成为优秀的天车司机，有朝一日扛起铸就大国重器的重任。

田得梅（右）正在进行高空作业

大国工匠，是一份责任

桥机是运行在高架轨道上的一种桥架型起重机，田得梅就是这种起重机的驾驶员。

“开桥机就像开汽车一样，不同的司机给乘客带来的乘坐体验不同，千万不能简单地认为我们只是把设备或材料从一个地方吊到另一个地方。”刚入行，师父杨玲玲的话便在田得梅心中埋下了“平稳驾驶”的种子。如何把这些特殊的“乘客”舒适地吊送至指定区域，成了田得梅清晰的探索方向。

“手动换挡要注意逐挡增加或减少，接近吊点时要判断距离，提前减速，避免急停，操控手柄时动作要平稳，不猛拉猛拽猛按……”每发现一个驾驶小窍门，田得梅都会继续摸索，直至完全找到“手感”。日积月累，田得梅总结出了“眼看、耳听、鼻闻、脑想、手脚动”的“人机一体”操纵技巧。

田得梅深知，作为一名合格的天车司机，不仅要有高超的操作技能，更要具备过硬的心理素质和高度的责任心。

为了让自己在工作中静得下心、沉得住气，大大咧咧的田得梅特意买了毛线和十字绣磨性子。随着绣工不断提升，田得梅变得更加沉稳、细心起来。慢慢地，她得到了越来越多同事们的认可。和田得梅经常配合的起重师傅常慧周这样说：“得知开桥机的是田得梅，我的心里就格外踏实。”

2023 年 2 月 28 日，田得梅成功入选 2022 年“大国工匠年度人物”

大国工匠，是一股拼劲

位于四川省凉山州宁南县和云南省昭通市巧家县境内的白鹤滩水电站，是金沙江下游干流河段梯级开发的第二个梯级电站。每至晨昏，气雾氤氲，萦绕峰峦，7台颜色各异的缆机伫立于高山峡谷间，尽显国之重器的宏伟壮观。

然而建设初期，这里并非如此景象。

2019 年 4 月，中国电建水电四局白鹤滩机电安装工程项目部刚刚成立，29 岁的田得梅将家中两个年幼的孩子托付给父母，奔赴白鹤滩，成为项目“开荒者”之一。

开工初期，白鹤滩水电站左岸安装间场地被土建杂物占用。为尽快开展施工，项目部唯一的天车工田得梅承担起了清理场地杂物、吊装设备材料的重任。时间紧、任务重，田得梅经常两台桥机换着开，以每天超过 12 个小时的高强度作业，在短短几周时间里完成了项目前期准备工作。

2020 年 8 月 18 日，白鹤滩水电站全球首台百万千瓦水电机组转子迎来吊装时刻。“此次吊装，转子与定子之间的最大间隙仅 51 毫米，操作必须一次成功”；“2 100 吨，已超过单个桥机的承重上限，需要两台桥机并机操作”；“转子进机坑后的微调，误差必须控制在分毫之间”，一旦出现转子晃动的情况，后果不可描述……一组组数据、一个个场景，还原了这项工作对操作者的严苛要求。

田得梅主动请缨，接受了这次挑战。

能否顺利完成吊装，田得梅当时心里也没底。之前的向往和期待，在这项挑战面前反而给了她更大的压力，让她在吊装前的几个夜晚辗转反侧、难以入睡，连吃饭时握着的两根筷子都经常被她当作操纵杆模拟吊装情景。

为确保吊装成功，田得梅带领班组成员一次次模拟转子吊装过程，详细讲解各个重要注意事项，并选择在更加脆弱的鸡蛋上进行训练，最终解锁了毫厘间的操作密码。

最终，面对 51 毫米的误差限制，在眼睛无法看到的情况下，田得梅凭借出色的作业水平，一次性顺利完成全球首台百万千瓦水电机组转子吊装。22 天后，白鹤滩水电站 2 号机组转轮实现成功吊装。2021 年 6 月 28 日，白鹤滩水电站首批机组顺利投产发电。

工匠精神，是一线传承

16 年来，田得梅以天车工的身份辗转奋战在水电工程建设一线，见证着我国水电事业从跟跑到并跑再到领跑的快速发展。

一次次磨砺中，田得梅也从曾经的“徒弟”变成了别人的“师父”。作为天车班班长，田得梅坚持通过“传帮带”，把自己的吊装技术和吊装安全心得毫无保留地传授给班里的每一位天车工。由此，她被中国电建水电四局机电安装分局评为“金牌导师”。

田得梅说，自己对待桥机驾驶间，就像是看自己的家一样。她要求每一名天车班成员在作业前“提前半个小时上桥机进行试车，并对桥机状况进行全面检查。尤其要检查触电控制器、刹车片、行程限位、警报装置等设施的完好情况”。在田得梅的带领下，她的 6 位徒弟已全部能够独立负责吊装作业。

“师父兢兢业业、刻苦钻研的精神，一直影响着我们。我要在天车工的岗位上持续发出光和热，为祖国建设贡献自己的一份力量。”田得梅的徒弟邓满平说。

桥机承载梦想，奋斗铸就辉煌。随着一个又一个重大节点的吊装任务圆满完成，田得梅所带领的天车班荣获了 2021 年“全国五一巾帼标兵岗”称号。

正是这群优秀的“天车娘子军”，以执着专注、精益求精、一丝不苟、追求卓越的工匠精神，为“铸就大国重器，打造国家名片”奉献出“四两拨千斤”的巾帼力量。

资料来源：中国电建水电四局．田得梅：用青春锻造“大国工匠”．中国新闻发布（实务版），2023（5）.

项目八　自我管理

学习目标

知识目标：

- 举例说明自我管理的意义；
- 结合实际全面分析自我管理中目标管理、时间管理、职业形象管理的重要性。

能力目标：

- 能结合个人实际制定自我管理方案；
- 能合理运用目标、时间、形象三方面提升自我管理能力的方法。

行为养成目标：

- 在日常工作或生活中养成提前做规划的习惯；
- 规划自己一天、一周甚至一个月应该做什么、怎么做、用多少时间去做；
- 每天工作前用 25 分钟制订工作学习计划，确定工作的重要性与紧迫性；
- 每天出门前审视自己的着装搭配是否适合当天的工作或学习场合，用礼貌性的语言对待他人。

重点难点

- 认识到自我管理的重要性，掌握利用目标管理、时间管理和职业形象管理来提升自我管理的能力；
- 学会对日常的工作或生活做规划，学会利用时间管理来分清事件的轻重缓急。

任务一　选对方向走对路

情景导入

临近毕业，小黄到处应聘赶场，忙于面试。一天上午，小黄同时接到了两个单位的面试通知。掂量之下，小黄觉得第二家单位比较有把握，因为与接到这家单位面试通知的其他4个同学相比，不仅小黄的专业与招聘职位对口，而且其兴趣爱好与招聘职位也非常相符。但放弃第一家单位小黄又觉得可惜，于是他决定赶场。第二天一早，小黄赶紧出发，匆匆赶到了第一家单位参加面试。面试结束，离第二家单位约定的时间已经很近了，小黄乘出租车赶到第二家单位时，还是迟到了20分钟。尽管小黄解释说自己是诚心诚意来应聘，不是故意迟到，但招聘单位的回答令小黄终生难忘：连面试都迟到的人，很难说他能够按时完成任务。

思考与讨论：

（1）如果你是小黄，面对两个单位的面试通知，你会怎么做？

（2）你是否曾经为了追求某种事物，而放弃了更重要的事物？

（3）如果你想得到的事物无法得到，你会怎么办？

（4）小黄为了面试第一家单位而错过了第二家比较有把握的单位，他这样做到底值不值得呢？为什么会这样呢？

知识精讲

在学习和生活中，我们可能有这样的体会：想要做某件事情，但过了好久发现还是没有做；觉得有力气使不出来；等等。这类情况反映在生活中，就是生活好像总是被一种惰性围绕，知道哪里不好，但又不知道从何处入手来改变。

如果把一件更难完成的事情放在比较容易完成的事情前面做，那更难完成的事情就可以成为比较容易完成的事情的强化刺激。换句话说，就是把不愿意干的任务或者工作放在喜欢做的任务或工作之前。如果经常完成困难的、有挑战性的任务，那么工作能力就会提高；反之，工作能力就要下降。例如：“我今天要完成十项任务”，而不是“我今天要工作十个小时”。当个体按照时间来计划工作时，他所关心的是干了多少时间而不是工作的进度；而当个体按照完成任务的数量来计划工作时，他就能掌控工作进度。个体只有选对工作方向，朝着正确的方向工作，才能让自己从惰性中解放出来，更好地提升自我管理能力。

一、自我管理的含义和意义

（一）自我管理的含义

自我管理，可以视为与自我的关系管理，是个体对自己本身，对自己的目标、思想、心理和行为等表现进行的管理，即自己约束自己，自己激励自己，自己管理自己的事务，最终实现自我奋斗目标的过程。

自我管理，又称自我控制，是利用个人内在力量改变行为的策略，普遍运用于减少不良行为与增加正向行为的情况。自我管理注重一个人的自我教导及约束的力量，即行为的制约是透过内控力量，而非传统的外控力量，如教师、家长等。

（二）自我管理的意义

1. 自我管理水平反映了一个人的社会化水平

当孩子任性、闹脾气时，成年人会认为他不懂事。孩子之所以闹脾气，是因为孩子不知道应怎样做，或即使知道怎样做就是不愿意做。孩子的社会化水平不高，还不善于自我管理。如果这种情境发生在一个成年人身上，则是不正常的。成年人已经接受了社会的长期影响与教育，了解了各种社会规范以及与人相处的原则，不善于自我管理是不正常的。

2. 自我管理是事业成就的必要条件

个体只有对事业产生了有意注意和直接兴趣，才能取得成功。工作的意义并不仅在于可以换取生存、生活、享受之必需品，而在于工作过程会带来愉悦感，个体可以从工作中获得自身的满足。对于很多人而言，事业的成功却是无数次失败后的那一次。自我管理就在无数次失败时发挥作用。主观的我安慰客观的我：不要紧。主观的我鼓励客观的我：再来一次。个体通过一次次的安慰、一次次的命令实现了目标，取得了成功。

3. 自我管理能促进自我发展

马斯洛需求层次理论认为，自我实现是需求的最高层次。处于这一需求层次的人能最大限度地开发自己的潜能。加德纳的多元智能理论提示人们思考：在八种智能中自己是否存在某一种或更多种的潜能？自我管理就是要自觉地开发自己的潜能。如果一个人能充分地发挥自己的优势，回避自己的劣势，这个人就能成功。由此可见，自我管理的前提是清晰地了解自己、准确地评价自己。

我们从踏进学校的第一天，就应了解校规校纪、学生日常行为规范，明确怎样做、为什么这样做；明确正直、善良、健康是学习的目标；明确成人比成材更重要；不断增强强烈的责任感和积极向上的合作精神。

二、目标及目标管理的含义

（一）目标的含义

目标是个人、部门或整个组织所期望实现的成果。我们所说的梦想、理想通常是目标的另外称法。人们需要通过自己的努力来实现既定目标，目标是动力，没有动力的人就会觉得比较累。对于企业来说，先有目标才能确定工作，所以企业的使命和任务必须转化为目标。

拓展阅读：吴起不败

（二）目标管理的含义

目标管理是以目标的设置和分解、目标的实施及完成情况的检查、奖惩为手段，通过员工的自我管理来实现企业的经营目的的一种管理方法。实施目标管理不仅有利于员工更加明确、高效地工作，而且为管理者将来对员工实施绩效考核提供了考核目标和考核标准，使考核更加科学化、规范化，更能保证考核的公正、公开与公平。因此，管理者应该通过目标对下级有效管理。组织最高层管理者在确定了组织目标后，必须对其进行有效分解，将之转变成各个部门以及各个人的分目标，然后根据分目标的完成情况对下级进行考核、评价和奖惩。

目标管理方法被公认为一种加强计划管理的先进科学管理方法。中国于 20 世纪 80 年代初开始在企业中推广，采取的干部任期目标制等是目标管理方法的具体运用。

三、目标管理的方法

（一）先有目标再工作

目标只有看得见、够得着，才能成为一个有效的目标，促进个体形成动力，获得自己想要的结果。个体在制定目标时，经常会犯一个错误，认为目标定得越高越好，认为目标定得高了，即便只完成 80% 也能超出自己的预期。实际上，制定目标是一回事，完成目标又是另外一回事。制定目标是明确做什么，完成目标是明确如何做。与其制定一个高目标给自己压力，不如制定一个合适的目标，并制订行动计划，排除障碍，从而形成动力。

拓展阅读：
华为公司的目标管理

此外，目标不是唯一的激励手段，目标只有与激励机制相匹配，才能发挥更有效的激励作用。所以，除了关注目标之外，还要关注配套的激励措施。

（二）全面、细致地分析

为使目标切合实际，无论是企业还是个体，在实施目标管理之前都应进行全面、细致的分析，认清自己的优势和劣势，从而明确要解决问题的原因以及要达到的结果，这样才能着手拟定正确的目标。

（三）行动与目标不断对照

当个体的行动有明确的目标，并且把自己的行动与目标不断加以对照，清楚地知道自己的进展与目标的差距时，行动的动机就会得到维持和加强，个体就会自觉地克服一切困难，努力达到目标。

生命的悲剧不在于目标没有达成，而在于没有目标。目标有多远，我们就能走多远。目标指引我们工作的总方向。我们每天的生活与工作，其实都可以理解为：一个不断地提出目标、不断地追求目标并实现目标的过程。

活动体验

活动一：我的生涯列车——我的未来不是梦

我从哪里来？要到哪里去？有什么任务？到这里干什么？

活动目的：

学会选择目标和目标设计。

活动方式：

绘画。

活动过程：

（1）绘制生涯列车（参考见图 8-1）。每名学生根据自己的成长年龄段，绘制自己的生涯列车，车厢的节数、长短、形状等自由设定，每节车厢按年龄段连贯排列。

图 8-1　生涯列车

（2）设计车厢内涵。学生根据自己的成长和未来的发展，按照车厢的排列顺序，设计各年龄段车厢所代表的内涵。

（3）分享生涯列车。学生分享自己的生涯列车，解释列车的驶向，分析车厢代表的阶段性意义。

请在下页绘制生涯列车。

参考解析

生涯列车

活动二：沙漠逃生——目标决定出路

活动目的：

学会选择正确的目标。

活动方式：

分组讨论。

活动内容：

（1）背景介绍：8月上旬某一天的上午10时，你乘坐的飞机在沙漠中出现故障迫降。除飞行员外，其他人均未受伤，飞机机身严重毁坏，即将燃烧。飞机燃烧前，你和其他乘客只有10分钟时间从飞机中抢救物品。

你在飞机迫降前已获知，飞机迫降地点距离原定目标位置100千米左右，离飞机迫降点大约80千米有个村庄。

你所在的沙漠相当平坦，除了偶见的仙人掌外，可以说是一片不毛之地，日间温度约为45℃。你们穿着短袖T恤、牛仔裤、运动裤和运动鞋，每个人都有一条手帕。

（2）任务：炎炎夏日，当你身陷沙漠，在生与死的边缘，你将如何抉择？如何让你的团队突出重围？

（3）问题分析：飞机即将燃烧，机上有15件物品，性能良好。充分考虑现实条件，你首先想到的是什么问题？现要求各小组对15件物品按重要性排序，如果只能抢救出其中的5件，你们会选择什么？假设机上幸存者与小组人数相同，大家选择共进退。

机上物品清单：手电筒（4节电池大小）、大砍刀、所在区域航行图、塑料雨衣、指南针、急救箱（含纱布）、手枪及6发子弹、降落伞（红白相间）、一瓶盐片（1 000片）、清水（每人一升）、书（《沙漠里哪些动物可以食用》）、太阳镜（每人一副）、白酒（一升）、外套（每人一件）、化妆镜。

活动过程：

第一步：组员个人分别将这些物品按生存的重要性排序，不得与其他人讨论，把排列顺序写在表8-1的“个人排序”中，时间为5分钟。

第二步：组员间互相讨论排序情况，并得出小组一致同意的“排序”，把排列顺序写在表8-1的“全队排序”中，时间为10分钟。

第三步：把专家排序写在第三栏。（1）化妆镜；（2）外套（每人一件）；（3）清水（每人一升）；（4）手电筒（4节电池大小）；（5）降落伞（红白相间）；（6）大砍刀；（7）塑料雨衣；（8）手枪及6发子弹；（9）太阳镜（每人一副）；（10）急救箱（含纱布）；（11）指南针；（12）所在区域航行图；（13）书（《沙漠里哪些动物可以食用》）；（14）白酒（一升）；（15）一瓶盐片（1 000片）。

第四步：计算第一步与第三步之差的绝对值，把得数写在第四栏，并计算第四栏总分，写进个人分值。

第五步：计算第二步与第三步之差的绝对值，把得数写在

参考解析

第五栏，并计算第五栏总分，写进全队分值。

第六步：成绩对照。15～25 分，优异；26～32 分，优良；33～45 分，良好；46～55 分，一般；56～64 分，有少许生还希望；65 分及以上，没有生还的希望。

表 8-1　物品重要性排序

须抢救出的物品	第一步	第二步	第三步	第四步	第五步
	个　人排序	全　队排序	专　家排序	第一步与第三步之差的绝对值	第二步与第三步之差的绝对值
手电筒（4 节电池大小）					
大砍刀					
所在区域航行图					
塑料雨衣					
指南针					
急救箱（含纱布）					
手枪及 6 发子弹					
降落伞（红白相间）					
一瓶盐片（1 000 片）					
清水（每人一升）					
书（《沙漠里哪些动物可以食用》）					
太阳镜（每人一副）					
白酒（一升）					
外套（每人一件）					
化妆镜					
总计					
				个人分值	全队分值

自我评估

评估一：你的执行能力

下面的测试可以帮助你认识自己：你是一个光说不做的人，还是一个有实际行动的人？

情景描述：

阅读表 8-2 中的情景，根据自身实际选择“是”或“否”。

表 8-2 情景描述

题目	是	否
1. 如果整天无所事事，你会觉得无聊吗？		
2. 在同样的时间内，你常比别人完成较多的事情吗？		
3. 度假的时候，你喜欢刺激、热闹胜于悠闲自在吗？		
4. 你喜欢组织活动吗？		
5. 你喜欢行动胜过计划吗？		
6. 如果搭乘电梯的人太多，你宁愿爬楼梯吗？		
7. 别人曾抱怨过你动作太慢吗？		
8. 即使在周末，你也一样早起吗？		
9. 你总是对新的工作计划表现一般吗？		
10. 你总是无法忍受闲着没事干的情况吗？		
11. 凡事你喜欢参与而胜于旁观吗？		
12. 你花很多时间苦思冥想吗？		
13. 你曾经想过“究竟我来自何处”和“为什么”吗？		
14. 你喜欢做填字游戏吗？		
15. 你喜欢参观博物馆和画廊吗？		
16. 你喜欢言之有物的聊天吗？		
17. 你习惯一次跨越两级楼梯吗？		
18. 你会对交通堵塞不耐烦吗？		
19. 你一直都在换工作吗？		
20. 你喜欢忙忙碌碌的日子吗？		

评估标准（见表 8-3）：

表 8-3 评估标准

题号	是的分值	否的分值	题号	是的分值	否的分值
1 题	1 分	0 分	11 题	1 分	0 分
2 题	1 分	0 分	12 题	0 分	1 分
3 题	1 分	0 分	13 题	0 分	1 分
4 题	1 分	0 分	14 题	0 分	1 分
5 题	1 分	0 分	15 题	0 分	1 分
6 题	1 分	0 分	16 题	1 分	0 分
7 题	0 分	1 分	17 题	1 分	0 分
8 题	1 分	0 分	18 题	1 分	0 分
9 题	0 分	1 分	19 题	1 分	0 分
10 题	1 分	0 分	20 题	1 分	0 分

结果分析（见表 8-4）：

表 8-4 结果分析

分数	分析
1. 如果你的分数在 12 ～ 20 分，说明你是标准的实践家。	凡事你不会光说不练，你尤其喜欢忙忙碌碌地过日子；你喜欢主动参与，计划永远排得满满的，越忙越有劲。
2. 如果你的分数在 6 ～ 11 分，说明你是一个介于实践家和梦想家之间的人。	你喜欢过得忙碌，但不反对偶尔静下来思考一番。你有时能按计划付诸实践，但有时也会偷懒。因此，像你这样的人，更加需要执行力的锻炼。
3. 如果你的分数在 0 ～ 5 分，说明你是一个标准的梦想家。	你宁愿一个人抱着一本书看或任意让思维四处遨游。虽然你也喜欢有人作伴、和人聊天，但就是不按照计划采取行动。

评估二：你在学习或工作中是否有目标

（1）目标是什么？实现目标的中心问题、项目名称。

（2）达到什么程度？达到的质量和数量。

（3）谁来完成目标？负责人与参与人。

（4）何时完成目标？期限、预定计划表、日程表。

（5）怎么办？应采取的措施、手段、方法。

（6）如何保证？应给予的资源配备和授权。

（7）是否达成了既定目标？对成果的检查、评价。

（8）如何对待完成情况？与奖惩安排的挂钩、进入下一轮目标管理循环。

任务二 时间都去哪儿了

情景导入

桌上放有两个大小相同的容器和六七块大小不一的石头。其中一个容器中盛有一大半的细沙，另一个容器是空的。现在让你把所有石头和所有细沙都放到那个空的容器中，但条件是细沙和石头都不能越过容器的上端平面，你会怎么做？

思考与讨论：

（1）在这个游戏中，容器象征着什么？细沙象征着什么？石头象征着什么？

（2）有的人会先把细沙全倒入空容器中，然后费了九牛二虎之力将所有石头都塞进细沙，从而达到规定的条件。如果是你，你会这么做吗？为什么？

（3）有的人先把所有的石头都放进空容器中，然后再倒入细沙，在摇一摇、晃一晃之后，轻而易举地就完成了任务。如果是你，你会这么做吗？为什么？

（4）在做这个游戏的过程中你有何体会？你认为这个游戏说明了什么？

知识精讲

时间就是生命，它既不可逆转，也无法取代。浪费时间就是浪费生命，而一旦把握好时间，也就可以说你掌握了自己的命运，能够更好地发挥生命的价值。

这个世界上根本不存在“没时间”这回事，“没时间”只能说明一个人没有很好地利用自己的时间。为了更好地进行自我管理，个体要好好地利用时间、争取时间，在有限的时间内完成更多的事情。

一、时间的含义

时间泛指时刻的长短。时间是人类用以描述物质运动过程或事件发生过程的一个参数。时间是一种特殊的资源，我们的生命是由分分秒秒的时间构筑而成的，因此，时间的重要性不言而喻。

（1）时间的供给量是固定不变的，在任何情况下既不会增加，也不会减少，每天都是 24 小时。

（2）时间不像人力、财力、物力和技术那样能被积蓄或储藏。不论愿不愿意，我们都必须消费时间，无法节流。

（3）任何一项活动都有赖于时间的堆砌，因此，时间无可替代。

（4）时间无法像物品一样失而复得。它一旦丧失，则永远无法寻回。

二、时间管理的含义及遵循原则

（一）时间管理的含义

时间管理是指通过事先规划并运用一定的技巧、方法与工具实现对时间的有效运用，从而实现个人或组织的既定目标。简单地说，时间管理就是如何以最少的时间投入来获取最佳的结果。

每个人都同样地拥有每年 365 天、每天 24 小时。可是，为什么有的人在有限的时间里既完成了辉煌事业，又能充分享受到亲情和友情，还能使自己的业余生活多姿多彩呢？他们有三头六臂吗？他们会分身术吗？时间老人过多地偏爱他们吗？关键的秘诀就在于这些成功人士善于进行时间管理。

拖延会使人陷入烦躁的情绪。一件事久办未完，在心里沉甸甸地压着，就像脖子上挂着一块石头，又好像陷入了不能自拔的泥坑，这怎么不使人焦虑烦躁、寝食难安呢？拖延会使要处理的问题越积越多，每天面对桌面上堆积如山的未处理的工作，却不知从何下手，结果往往是丢了这件、忘了那件，一件不成又半途而废，费时费力，最终导致问题越来越多。

拖延会使人一再地遭受心理挫折，使人对自己越来越失去信心，开始怀疑自己的能力，或者迁怒于所处的工作环境，产生怨气，抱怨自己的才能得不到发挥或者老是有各种妨碍工作的事情。

拖延还会使人前途暗淡，与晋升无缘。一个上司绝不会一而再、再而三地容忍下属办事拖拉，不讲求实效，做不出什么业绩来。上司需要的是强有力的辅助者，而不是优柔寡断的跟随者。企业的主管和员工随时都要提醒自己“凡事拒绝拖延，现在开始行动”，如果有一件事情终究得做的话，就不要反复问自己：“我要做它吗？”因为这个问题的答案已经很确定，你应该做的是将完成期限写在笔记簿上，然后着手去做，如果等到最后一分钟才去做，不但会让自己变得很焦虑，而且在处理过程中会经常犯错或者得到的结果不尽如人意。

（二）时间管理遵循的原则

时间管理可遵循下列原则：

（1）明确目标，设定优先级。目标应具体并切实可行，优先次序清晰。

（2）合理使用时间表。时间表是一种重要的时间管理工具。

（3）减少时间浪费，做事时力求完成。

（4）立即行动，不可等待、拖延。

三、时间管理的技巧

（1）有计划地使用时间。不会计划时间的人，时间管理必定失败。

（2）目标明确。目标要具体、具有可操作性。

（3）将要做的事情根据重要性排序。要根据事情、价值的大小分配时间。

（4）罗列一天中要做的事情。

（5）具有灵活性。一般来说，应将一天中50%的时间计划好，其余的50%应当属于灵活时间，用来应对各种打扰和无法预期的事情。

（6）遵循生物钟。要确定办事效率最佳的时间点，将优先办的事情放在最佳时间点完成。

（7）做好的事情要比把事情做好更重要。做好的事情会产生效果；把事情做好仅仅带来效率。首先应考虑效果，其次才考虑效率。

（8）区分紧急事务与重要事务。紧急事务往往是暂时性的，重要事务往往是长期性的。要给所有罗列出来的事情定一个完成期限。

（9）有意忽略没有意义的事情。要将罗列的事情中没有任何意义的事情删除。

（10）不要想成为完美主义者。不要追求完美，而要追求办事效果。

（11）巧妙地拖延。如果一件事情你不想做，你可以将这件事情细分为很小的部分，只做其中一个小的部分或者做其中最主要的部分。

（12）学会说“不”。一旦确定了哪些事情是重要的，对那些不重要的事情就应当说“不”。

（13）奖赏自己。可以事先给自己许下一个奖赏诺言，事情成功之后一定要履行诺言。

四、时间管理四象限法

你是否经常遇到这样的问题：

电话又响了，有请示的、有投诉的，等等，都是不得不接的电话。可是，你手头正在写一个计划，一个上午了，还没写几个字……

最近领导分配了好多事情让你做，你不知道怎么办，这个也说马上要交，那个也说马上要交，你又没有三头六臂。

整天就像救火队员，哪里有火情就往哪里赶，可是天天忙救火，却没有时间静下来想想，“火灾”从哪里来。

为什么会出现上述问题呢？原因就是没有分清事情的轻重缓急。确定轻重缓急是时间管理的基本技能。我们不仅对每天或每周要做的事情做到心中有数，而且应分清主次，清楚知道哪些事情必须优先处理。

在实际工作中，有些事情特别紧急，需要马上处理，而有些事情不太紧急或不紧急，可以往后放一放；有些事情非常重要，需要花费较多时间和精力才能完成，而有些事情不太重要或不重要，只需花费较少的时间即可。按照重要性和紧急性两个维度，可以把时间管理分为四个象限，分别代表不同类型的任务（见图 8-2）。

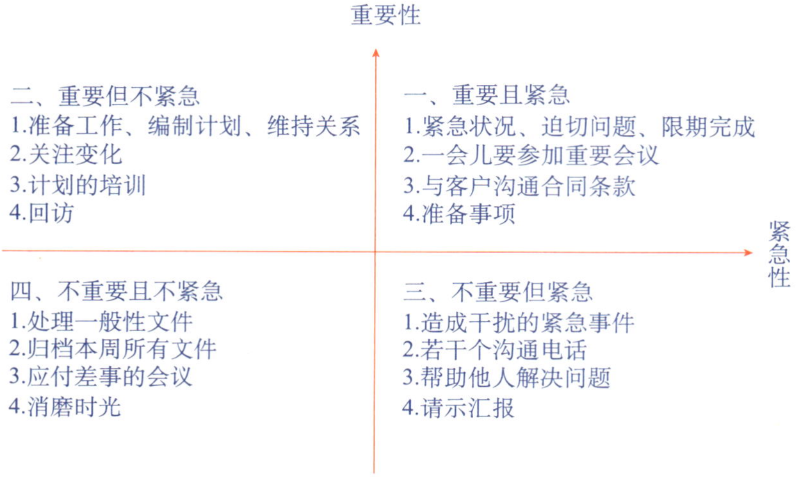

图 8-2　时间管理四象限法

以下是四个象限的具体说明：

（一）第一象限是重要且紧急的事

这是考验我们的经验、判断力的时刻，很多重要的事都是因为一拖再拖或事前准备不足，而变得迫在眉睫。该象限的本质是缺乏有效的工作计划，导致本处于“重要但不紧急”第二象限的事情转变到第一象限，这也是传统思维状态下的管理者的通常状况，即“瞎忙”。

（二）第二象限是重要但不紧急的事

荒废这个象限将使第一象限日益扩大，使管理者陷入更大的压力之中，在危机中疲于应付。反之，在这个象限多投入一些时间有利于提高实践能力，缩小第一象限的范围。我们只要做好事先的规划、准备与预防措施，很多急事将无从产生。这个象限的事情不会使管理者产生急迫感，所以管理者应发挥个人领导力，积极、主动地完成这一象限的工作。这更是传统低效管理者与高效卓越管理者的重要区别。建议管理者把 80% 的精力投入该象限的工作，以使第一象限的“急”事无限变少，管理者不再“瞎忙”。

（三）第三象限是不重要但紧急的事

第三象限的事情表面看似与第一象限的事情类似，因为迫切的呼声会让我们产生“这件事很重要”的错觉。很多人花费很多时间完成这些紧急的事情，其实不过是在满足别人的期望与标准，如接电话、附和别人期望的事。

拓展阅读：

时间管理的11条金律

（四）第四象限是不重要且不紧急的事

这一象限大多是些琐碎的杂事，不具备时间紧迫性，但有重要的影响，对于个人或企业的存在和发展以及周围环境的建立与维护，都具有重大的意义。

活动体验

活动一：情景模拟

早上上班的前25分钟就已经决定了一个人一天的效率：

一到单位就懒懒散散，提不起精神的人，一整天都会这样；

一到单位就紧张地忙碌的人，一整天都闲不下来；

一到单位就心烦气躁的人，一整天都会像吃了火药一样。

问题：一到单位做些什么，才能让一整天游刃有余呢?

一到单位，先设置25分钟倒计时（见图8-3）：

（1）在纸上列出当天的工作计划；

（2）标出最重要的一件事；

（3）对重要的事情进行任务分解，最重要的一件事通常是棘手的、麻烦的、不知道该怎么做的事情（可以标明“请教别人”）；

（4）准备工作环境：每件物品有固定的位置，从哪里拿就放回哪里去，给自己倒一大杯水，右手边放上笔和纸；

（5）用琐事来热身：浏览邮件，与领导进行工作沟通，打几个电话（请教别人怎么解决最重要的事）。

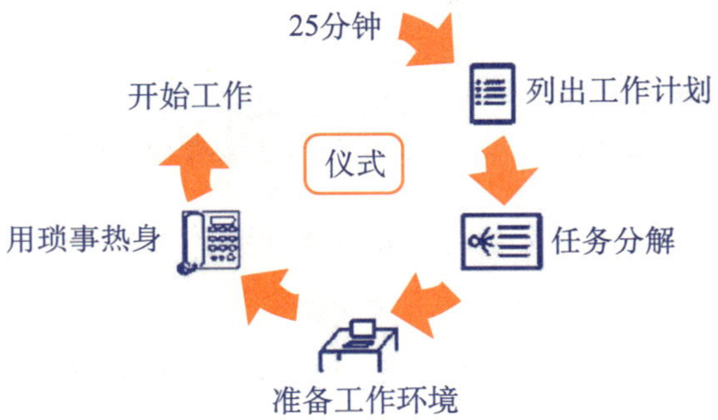

图8-3　25分钟倒计时

请大家开始设置上班的前25分钟吧！提高工作效率从前25分钟开始。

活动二：游戏

在时间安排上，你要舍得放弃所有无助于实现自己目标的次要角色，专注于主要角色和自己喜爱的角色。

活动目的：

认识时间及时间管理的意义。

活动内容：

（1）描述时间消费；

（2）分割时间；

（3）重新调整时间；

（4）欣赏歌曲《时间都去哪儿了》。

参考解析

活动方式：

头脑风暴、讨论法。

活动过程：

（1）描述时间消费。发给每个学生一张 100 厘米长的纸条，代表一天 24 小时，请学生描述自己一天的时间消费。

（2）分割时间。学生听完老师的描述后，根据自己在该项活动中所花费的时间长短剪裁纸条，并在剪裁下来的纸条上标明用途。最后，每位学生查看手中的纸条还剩多少时间用于学习（除去睡觉时间、吃饭时间、洗漱等个人卫生时间、聊天及打电话时间、浏览网页时间、打游戏时间、玩手机时间、购物逛街时间、娱乐时间、发呆时间……），并讨论以下问题：

1）时间安排合理吗？我的学习时间够用吗？为什么？

2）休闲活动占了多大比重？你自己满意这样的安排吗？

3）哪些活动可以少占用些时间？需要采取什么措施？

4）别人浪费我的时间了吗？我浪费别人的时间了吗？

（3）重新调整时间。讨论：

1）面对结果，你有何打算？

2）理想的时间消费应该是怎样的？

3）如果再做一次活动，应该如何合理地使用时间？

（4）欣赏歌曲《时间都去哪儿了》。

自我评估

评估一：时间管理能力

情景描述：

下面是一套时间管理能力的自测题，为每一题选择最适合你的修饰语（见表 8-5）。

表 8-5 时间管理能力自测题

题目	总是	经常	很少
1. 我觉得我可以工作得更努力。			
2. 我可以告诉你上个星期我工作了多少个小时。			
3. 我常常把事情留到最后一分钟才做。			
4. 对我来说，开始一项工作很难。			
5. 我对下一步要做什么不是很确定。			
6. 我要开始做某件事之前，要拖延很长时间。			
7. 我不知道我做的是否足够多。			
8. 我在不同的任务之间频繁地换来换去。			
9. 我在某些地方的工作效率比在其他地方高。			
10. 我在某些时间的工作效率比在其他时间高。			
11. 我工作起来没有规律，往往在某件事上花费很多时间后又置之不理。			
12. 我不可能完成我想做的全部事情。			
13. 我不肯定自己是否在优先处理最重要的事情。			
14. 在这门课程结束之前，我不敢肯定自己是否会坚持到底。			
15. 我工作时没有任何计划。			

结果分析：

请把你的答案和下面的解释互相对照。

（1）我觉得我可以工作得更努力。如果你总是觉得自己的时间没有发挥最大作用，这说明你的时间管理技巧有问题，你要学会善于利用时间。

（2）我可以告诉你上个星期我工作了多少个小时。很多人对自己的工作时间只有一个大致的印象：我好像一直在工作。这样是不行的。人们的感觉往往和实际并不相符。研究人员用相机拍摄下研究对象的工作情况，把统计得到的工作时间与研究对象自我感觉的工作时间进行对照，发现两者之间的差距相当大。如果你对自己的工作时间没有明确的认识，最好花费一天至一周的时间，逐项记录自己的工作时间，结果说不定会使你大吃一惊。

（3）我常常把事情留到最后一分钟才做。如果总是出现这种情况，有两种可能的原因：一是你忽视了时间管理，不使用时间表；二是在制定时间表时，没有编排合理的顺序。

（4）对我来说，开始一项工作很难。哪怕制订好了计划，而要开始做这项工作，你仍然觉得很头疼。如果常常出现这种情况，那么症结不在制订计划的环节，而在“行动”这一环节。你要有意识地增强自己的行动意识，并学会一些克服拖延的技巧。

（5）我对下一步要做什么不是很确定。如果总是对下一步要做什么不是很确定，则是缺乏整体计划的表现。

（6）我要开始做某件事之前，要拖延很长时间。请参见第 4 项的解释。

（7）我不知道我做的是否足够多。请参见第 1 项的解释。

（8）我在不同的任务之间频繁地换来换去。怎样确定分配给不同任务的时间长短是一项重要的技巧。过长或过短都会降低效率，你可以通过测试和记录来确定最适合自己的间隔。

（9）我在某些地方的工作效率比在其他地方高。没有人能完全排除外界的干扰，不同的地点对人的工作效率有不同的影响，只不过人们往往没有留意这一点。如果你清楚地知道自己在哪些地方的工作效率较高，说明你对自己很了解。这有助于你进行时间管理。

（10）我在某些时间的工作效率比在其他时间高。请参见第 1 项的解释。

（11）我工作起来没有规律，往往在某件事上花费很多时间后又置之不理。这也是缺乏整体计划的表现。

（12）我不可能完成我想做的全部事情。人不可能完成所有想做的事情，在制定时间表时必须有所取舍。但如果连时间表上的事情也总是无法完成，那么不是时间表不切实际，就是执行过程中出现问题。

（13）我不肯定自己是否在优先处理最重要的事情。先明确价值观，再确定目标，就能容易地为各种事情确定优先级。如果总是对此感到迷茫，则说明你对自己的价值观不是很明确，不能清楚地表述自己真正需要的是什么。

（14）在这门课结束之前，我不敢肯定自己是否会坚持到底。如果缺乏计划和执行力，你常常不能完成想做的事情，长此以往就会使你对自己失去信心，则做任何事情的时候都不知道自己是否会坚持到底。

（15）我工作时没有任何计划。这是你对自己的计划性的评价。如果工作时经常没有任何计划，说明你对制订计划的重要性缺乏足够的认识。

评估二：有效地管理自己的时间

以下两位同学对时间是这样认为的：

同学一：

到了大学以后，我们的时间变得多起来了，也很自由，很多时候一天时间就在宿舍玩电脑过去了、在课堂发呆中结束了。因此，我发现自己往往并不知道每一天做了些什么。高中时代的充实感已经很难找到了。

同学二：

回想高中时期的学习，我们每天有固定的上课时间、有早晚自习课、有隔天要交的作业，老师已经将我们的学习安排好了，我们找不到太多可以自由安排的时间。这样的好处是我们对知识的掌握程度远远高于大学时候，可其中弊端也不容忽略：我们一直都不知道怎么去安排自己的学习时间。

如果你对上面两位同学说的话有认同感，如果你也想改变现在的学习状态，那么你应该如何有效地管理自己的时间？

任务三 恰当的形象是最好的名片

情景导入

某照明器材厂的业务员金某，按原计划手拿企业新设计的照明器样品，兴冲冲地登上六楼，脸上的汗珠还未来得及擦一下，便直接走进了某贸易公司业务部张经理的办公室，把正在处理业务的张经理吓了一跳。“对不起，这是我们厂设计的新产品，请您过目。”金某说。张经理停下手中的工作，接过金某递过的照明器，随口赞道：“好漂亮呀！”张经理请金某坐下，并倒了一杯茶递给他，然后拿起照明器仔细研究起来。金某看到张经理对新产品如此感兴趣，如释重负，便往沙发上一靠，跷起二郎腿，一边吸烟一边悠闲地环视着张经理的办公室。当张经理问他电源开关为什么装在某个位置时，金某习惯性地用手挠了挠头皮。好多年了，别人一问他问题，他就会不自觉地用手挠头皮。虽然金某做了详尽的解释，但张经理还是有点半信半疑。谈到价格时，张经理强调：“这个价格比我们的预算高出很多，能否再降低一些？”金某回答：“我们经理说了，这是最低价格，一分也不能再降了。”张经理沉默了半天没有开口。金某却有点沉不住气，不由自主地拉松领带，眼睛盯着张经理。张经理皱了皱眉，随后问道：“这种照明器的性能先进在什么地方？”金某又挠了挠头皮，反反复复地说：“造型新、寿命长、节电。”张经理借托词离开了办公室，留下了金某一个人。金某等了一会儿，感到无聊，便非常随便地拿起办公桌上的电话，同一个朋友闲谈起来。这时，门被推开，进来的不是张经理，而是办公室秘书。结果可想而知了。

思考与讨论：

（1）假设你是金某，你会如何处理自己的工作细节？

（2）假设你是张经理，面对金某这类的业务员，你有何感受？你会如何做？

（3）在以上的故事中，你感觉金某的失败原因是什么？他该如何做出改进？

知识精讲

如今，职场人士对自己的形象越来越重视。良好的职业形象不仅是企业的门面，而且能够提升个人价值，增加个人的职场自信心，使个人能够更好地进行自我管理，同时对个人的求职、工作、晋升和社交都起着至关重要的作用。

一、形象的含义

说到形象，大家可能会想到一个人的长相与外表，看这人是否“好看”，如某明星的演员形象、礼仪小姐的温婉大气形象等。形象是指一个人或一个组织在外部呈现给他人的形态或姿态。形象不仅体现在外表或容貌，而且是内在品质的外部反映，是反映一个人内在修养的窗口。

二、职业形象的含义

职业形象是指一个人在职业场合展现出来的外在、内在的形象和形象品质。注意对个人形象的管理，有助于提升他人的感官印象及评价。职业形象包括着装、气质、言谈、举止、能力、人格等方面形成的综合印象，是一个人从事职业工作时表现出来的外在形象。

拓展阅读：
最好的介绍信

三、管理职业形象的方法

人们往往以为形象是指发型、衣着等外在表象，实际上现代意义的形象包括仪容（外貌）、仪表（服饰、个人气质）以及仪态（言谈举止）三方面，其中最为讲究的是形象与个人、地位的匹配。一个好的形象，不光是一个人把自己打扮成多么美丽、英俊，最主要的是要做到自身发型、服饰、气质、言谈举止与场合、地位以及性格相吻合。

在应聘场合，应聘者应事先了解行业和企业的文化氛围，知晓特定的办公室文化，谈吐和举止中流露出与企业、个人相符合的气质；注意衣服的整洁干净、尺码适合；衣服的颜色应选择中性色，注重现代感。专业人士认为，成熟、稳重是专业形象的关键，所以在日常工作中，个体一定要注意表现出自身的成熟，在言谈中表现出足够的智慧、幽默、自信和勇气，这会使你看起来专业、可靠。

一个人的职业形象包括内在职业形象和外在职业形象两种。每一位职场人士都需要树立塑造并维护自我职业形象的意识。了解并掌握一定的职业礼仪，有助于完善和维护职场人士的职业形象。

（一）注重着装搭配礼仪

两个人相见，第一印象就是对方的着装。因此，一个人在职场中的着装能够体现出他的品位、档次、美学修养和综合素质。

1. 职场着装应遵循的六大基本规范

（1）着装必须干净整洁。职场人士如果着装不整洁，会给人留下不好的印象，尤其是如医生等特殊职业的从业者，如果衣着不整洁，会让人觉得不专业、不可靠。

（2）着装应符合潮流。着装既不能太超前，也不能太复古。如果现在有人穿一身黄马褂，会给人什么印象？那肯定会被人误以为是精神不正常的人。

（3）着装应符合个人身份。例如：商务人士在正式场合的着装不能过于杂乱、过于鲜艳、过于暴露等。

（4）着装应扬长避短。例如：脖子短的人可以选择 V 领、大领口、小圆领等领型，这样有助于在视觉上拉长脖子；脖子长的人不宜穿无领衫。

（5）着装应遵守惯例。惯例是指一种成规，也就是众人的习惯、大众认可的规范。如果一位女性在出席晚间的社交舞会时穿着一身制服，必然会给人难受的感觉。

（6）着装应区分不同场合。

1）公务场合。着装规范可以概括为四个字：庄重保守。适合的服装包括制服、套装，男性可穿西服套装，女性可穿西服套裙。

2）社交场合。着装规范可以概括为四个字：大方得体。社交场合包括以宴会友的宴会、以舞会友的舞会、赏心悦目的音乐会、欢快热烈的文艺晚会、以文会友的聚会、以增进友谊和加深感情为目的的拜会、应邀出席的各种庆典等。

3）休闲场合。着装规范可以概括为四个字：舒适自然。适合的服装主要是休闲系列，包括休闲装、牛仔装等，也包括各色时装。

2. 职场着正装的“三个三”原则

（1）三色原则。职场人士在公务场合穿着正装时，必须遵循三色原则，即全身服装的颜色不得超过三种。如果多于三种颜色，则每多出一种，就多出一分俗气，颜色越多则越俗。

（2）三一定律。这是指职场人士如果着正装必须使三个部位的颜色保持一致，在职场礼仪中叫作“三一定律”。具体要求是：男士穿着西服正装时皮鞋、皮带、皮包应基本一色；女士的皮鞋、皮包、皮带及下身所穿着的裙裤及袜子的颜色应当一致或相近。这样穿着显得庄重、大方、得体。

（3）三大禁忌。一是男士西服套装左袖商标应拆除；二是不要穿尼龙丝袜，而应当穿棉袜；三是不要穿白色袜子，尤其是男性着西服正装并穿黑皮鞋时，如果穿一双白袜子就显得不合时宜。

3. 职场着装的“六个不能”

（1）不能过分杂乱；

（2）不能过分鲜艳；

（3）不能过分暴露；

（4）不能过分透视；

（5）不能过分短小；

（6）不能过分紧身。

（二）注重职场社交礼仪

1. 真诚尊重

真诚是对人对事的一种实事求是的态度，是待人真心真意的友善表现。真诚尊重首先表现为对人不说谎、不虚伪、不骗人、不侮辱人；其次表现为对他人的正确认识，相信他人，尊重他人。

2. 平等适度

在交往中，平等表现为不要我行我素、自以为是、厚此薄彼，更不要傲视一切、目空无人、以貌取人，或以职业、地位、权势压人，而应该处处、时时、平等地谦虚待人。我们应把握适度的分寸，根据具体情况、具体情境而体现相应的礼仪。例如：在与人交往时，彬彬有礼但不低三下四，热情大方但不轻浮谄媚，自尊但不自负，坦诚但不粗鲁，信人但不轻信，活泼但不轻浮。

3. 自信自律

自信是社交场合的一份很可贵的心理素质。一个有充分信心的人能在交往中不卑不亢、落落大方，遇到强者不自惭，遇到磨难不气馁，遇到侮辱敢于挺身反击，遇到弱者会伸出援助之手。自律则是一个人自我控制、自我约束的能力，有助于个体在面对挑战和困难时保持冷静与坚定。

4. 信用宽容

信用即讲信誉。在社交场合，尤其要讲究信用。一是要守时，与人约定时间的约会、会见、会谈、会议等，决不拖延迟到。二是要守约，对于签订的协议、约定和口头答应的事，要说到做到，即言必信，行必果。在社交场合，如果没有十分的把握，就不要轻易许诺他人，许诺若做不到，就会留给他人不守信的印象。宽容是一种较高的境界，容许他人有行动与言论的自由，站在对方的立场考虑问题。

活动体验

活动：情景模拟——这样的我

活动目的：

建立得体的个人形象，给初次见面的人以良好的第一印象。得体的着装有助于在职场面试中脱颖而出；面带微笑的表情能迅速缩短彼此间的心理距离，创造交流与沟通的良好氛围。

活动内容：

（1）形象诊断；

（2）模拟体态举止；

（3）动态场景角色扮演；

（4）讨论；

（5）补充。

活动方式：

角色扮演法、讨论法。

活动过程：

（1）形象诊断。现场组织一次形象诊断活动，包括自我诊断、相互诊断和集体诊断。

1）自我诊断：请每位学生对自己的着装配饰进行自我诊断，然后请部分学生上台进行自我剖析。

2）相互诊断：以两人为一个小组，相互对对方的着装配饰进行诊断，指出对方正确和错误的地方。

3）集体诊断：经过自我诊断和相互诊断之后，老师进行总结，对全体学生的着装配饰进行诊断，提出改进意见。

（2）模拟体态举止。

1）基本的站姿：从正面看，全身笔直、精神饱满、两眼平视（而不是斜视），两臂自然下垂、两脚跟并拢，两脚尖张开成30°，身体重心落于两腿正中间。

2）向长辈、朋友、同事问候或进行介绍时，不论握手或鞠躬，都要双脚后跟并拢、脚掌打开成30°、膝盖挺直。

3）入座时要稳、要轻。就座时要不紧不慢、大大方方地从座椅的左后侧走到座椅前，轻稳地坐下。若是裙装，应用手背将裙稍稍拢一下，不要坐下来后再站起来整理衣服。

4）行走时，步态应该自然轻盈、目视前方、身体挺直、双肩自然下垂、两臂摆动协调、膝关节与脚尖正对前进方向。步伐大小适中、自然稳健，节奏与着地的重力一致。与女士同行时，男士应与女士步伐保持一致。多人一起行走时，不要排成横队，更不要勾肩搭背。遇急事可加快步伐，但不可慌张奔跑。

（3）动态场景角色扮演。

1）分组：用红、黄、蓝、绿、黑、白六种颜色的纸片将学生分成六组。

2）抽签。准备六组场景内容进行抽签。包括：介绍其他两位同事认识、请示领导工作、安排会议、招聘工作、业务团队与客户沟通、工作时与同事同行。

3）角色扮演。分组表演抽签场景，明确学生分工，要求所有学生都要参与。

（4）讨论。

1）你的形象符合抽签场景吗？应该怎样调整？

2）不同的身份、时间、地点对职业形象有

分享你的心得体会：

什么要求？

3）你注意过你在扮演时的表情吗？它对你的角色扮演有哪些帮助？

（5）补充。

礼仪工作总体职业规范：

参考解析

1）所有礼仪工作人员统一着企业统一定制的西服套装，服装应完好、无污渍，扣子齐全，不漏扣、错扣。女性工作人员应系好丝巾；男性工作人员配穿同色系皮鞋，上衣口袋不装东西，裤子口袋少装东西，并做到不挽袖口和裤脚。

2）女性工作人员应化淡妆上岗、服饰得体，且与年龄、身份相符。工作时间不能当众化妆。

3）注意讲究公共卫生，上班前不吃带有刺激性气味的食物，避免口腔异味。

4）接待、引导时注意力集中，展现良好的精神状态，无疲劳状、忧郁状和不满状。

5）站姿端正，抬头、挺胸、收腹、双手自然下垂。行走时步伐有力、步幅适当、节奏适宜。

6）避免在工作中打哈欠、伸懒腰、打喷嚏、挖耳朵等，实在难以控制时应侧面回避。与领导、客户交谈时，应神态专注、表情自然、表达得体，不得背手、抱手或抄手，不要左右晃动和抓耳挠腮。

自我评估

评估一：确定你的形象定位

如果你还不确定自己的形象定位，不妨来做以下几道测试题。

1. 你最喜欢的颜色是：
   A. 地球色、民族色调
   B. 灰色、中间色、稳重的颜色
   C. 单色、蓝色、朴素的颜色
   D. 可爱而柔美的颜色
   E. 明亮的颜色
2. 你最喜欢的布料是：
   A. 易洗的（牛仔布、棉布休闲装）
   B. 质佳轻薄的（锦纶、丝绸等）
   C. 自然传统的（斜纹软呢、毛制品等）
   D. 柔软、有花边的（透明细纱、绸缎）
   E. 由不同材质组合而成的（皮革、毛呢等）
3. 你喜欢的发型是：
   A. 休闲、不必太麻烦的发型（短发至中长发）

B. 修整妥帖、一丝不苟的发型（中长发至长发）
C. 稍微卷曲的正统发型（短发至中长发）
D. 有波浪的华美发型（中长发至长发）
E. 简洁干练的发型（短发）

4. 你喜欢的装扮是：
A. 化自然妆，不需要浓妆艳抹
B. 略施脂粉，轻妆淡抹
C. 最低限度的修饰装扮
D. 可爱又美丽的装扮
E. 轮廓明显，具有立体感的装扮

5. 你喜爱的时装款式是：
A. 轻便
B. 轻便但不失时尚
C. 整体剪裁的定制款
D. 性感的设计
E. 独特且线条强烈的设计

6. 最搭配你的是：
A. 非正式的形象
B. 轻柔、保守的形象
C. 正统且整体一致的形象
D. 华丽、富贵的形象
E. 大胆耀眼的形象

7. 你最喜欢穿着的服装是：
A. 牛仔裤搭配 T 恤
B. 西装套装
C. 上衣、长裤（或裙子）的组合
D. 短上衣和宽大的裤子（或裙子）
E. 线条、图案不对称的组合

8. 正式场合你的着装是：
A. 棉布搭配丝绸的上下装
B. 绸缎的洋装或者套装
C. 定制的时装
D. 宽松的西装
E. 奇特的组合

9. 你喜欢的饰品是：
A. 民族风手工饰品
B. 针织的小型饰物
C. 简单、轻巧而精致的饰品

D. 稍大而华丽的饰品
E. 设计独特的饰品

10. 你喜欢的服饰装扮是：
A. 套装，可系上领带（或丝巾）
B. 材质柔软的服饰
C. 定制的、简单大方的服饰
D. 宽松的长袖
E. 对称的、线条突出的服饰

11. 你在朋友心目中的形象是：
A. 有亲和力、精力充沛
B. 稳重、文静
C. 优雅、富有魅力
D. 活泼、较实际
E. 独立、有个性

12. 你喜欢的皮包是：
A. 容量大小和图案设计无关紧要
B. 小巧、袖珍型
C. 简单商业型
D. 柔软皮革的轻型手包
E. 稍大，有图案设计

13. 你认为自己属于的类型是：
A. 自由型
B. 气质型
C. 精干型
D. 梦幻型
E. 作秀型

14. 你感到快乐的时候是：
A. 在阳光下运动时
B. 倾听别人说话时
C. 自己的才干、能力受到肯定时
D. 和朋友来往时
E. 受到家人的褒奖时

15. 你将来的希望是：
A. 自由自在，享受生活乐趣
B. 享受安稳、踏实的人生
C. 成为领导者，活跃在职场中
D. 重视人情，拥有温暖的家庭
E. 像明星般存在

16. 你想尝试的职业是：

A. 记者、编辑、作家

B. 秘书、礼仪公关

C. 教师、经纪人

D. 儿童服饰店、花店店主

E. 服饰设计师、美容美发师

结果分析：

你的形象类型结果是：

选择 A 的多属于自然型；

选择 B 的多属于优雅型；

选择 C 的多属于高尚型；

选择 D 的多属于浪漫型；

选择 E 的多属于戏剧型。

评估二：你是否也这样过

1. 男士：

穿着不合体的衣服（过紧或过松）；

忽视鞋的妥善保养；

穿着西装时搭配凉鞋；

穿着凉鞋时搭配袜子；

起身时露出袜子，坐下时露出胫骨（袜子太短）；

穿短袖衬衫时打领结；

佩戴过多的珠宝、项链等饰物；

深色外套上散落头屑。

2. 女士：

服装过紧、过短或者暴露过多肌肤；

深色外套上散落头屑；

穿着露趾鞋时不穿袜子；

穿着系扣外衣时可从纽扣间的缝隙处看到肌肤或不应该露出的内衣；

休闲场合穿着高跟鞋，或用过于张扬或过高的高跟鞋搭配休闲装，如牛仔裤；

在白天穿着适合参加晚上社交活动的服装；

身上戴的珠宝不时发出叮叮当当的响声；

露出衣服的内衬。

项目实训

实训主题：完成产品销售。

实训形式：结合前期的市场调查报告，根据设定的消费者或消费群体，计算产品成本，设定产品价格及销售目标，完成产品销售，获得产品利润。

实训要求：

1. 训练任务以产品销售获得的利润作为结果体现。

2. 注意事项：

（1）产品销售应针对前期市场调研的目标消费者或目标消费群体进行；

（2）产品销售应严格遵守设定的价格与时间目标，即在既定的时间内完成产品销售任务，并获得设定的产品利润；

（3）产品销售中不存在虚假销售等违规行为；

（4）产品获得的利润用于落实帮扶计划。

3. 过程记录：对任务完成过程全程拍摄。

项目考核评价建议：

1. 根据产品销售和获利的情况设计考核表，考核任务目标是否设定正确？

2. 进行产品销售前是否按照任务的重要性和紧迫性来管理自己的时间？

3. 进行产品销售时是否符合职业形象？

培根铸魂

新时代中国青年要树立远大理想。青年的理想信念关乎国家未来。青年理想远大、信念坚定，是一个国家、一个民族无坚不摧的前进动力。青年志存高远，就能激发奋进潜力，青春岁月就不会像无舵之舟漂泊不定。正所谓“立志而圣则圣矣，立志而贤则贤矣”。青年的人生目标会有不同，职业选择也有差异，但只有把自己的小我融入祖国的大我、人民的大我之中，与时代同步伐、与人民共命运，才能更好实现人生价值、升华人生境界。离开了祖国需要、人民利益，任何孤芳自赏都会陷入越走越窄的狭小天地。

新时代中国青年要树立对马克思主义的信仰、对中国特色社会主义的信念、对中华民族伟大复兴中国梦的信心，到人民群众中去，到新时代新天地中去，让理想信念在创业奋斗中升华，让青春在创新创造中闪光！

新时代中国青年要练就过硬本领。青年是苦练本领、增长才干的黄金时期。“青春虚度无所成，白首衔悲亦何及。”当今时代，知识更新不断加快，社会分工日益细化，新技术新模式新业态层出不穷。这既为青年施展才华、竞展风采提供了广阔舞台，也对青年能力素质提出了新的更高要求。不论是成就自己的人生理想，还是担当时代的神圣使命，青年都要珍惜韶华、不负青春，努力学习掌握科学知识，提高内在素质，锤炼过硬本领，使自己的思维视野、思想观念、认识水平跟上越来越快的时代发展。

新时代中国青年要增强学习紧迫感，如饥似渴、孜孜不倦学习，努力学习马克思主义立场观点方法，努力掌握科学文化知识和专业技能，努力提高人文素养，在学习中增长知识、锤炼品格，在工作中增长才干、练就本领，以真才实学服务人民，以创新创造贡献国家！

资料来源：节选自习近平．在纪念五四运动 100 周年大会上的讲话．人民日报，2019-05-01.

模块三

职业成长

项目九　解决问题

学习目标

知识目标：
- 陈述发现问题和解决问题的实质，举例说明其重要性；
- 归纳发现问题和解决问题的方法。

能力目标：
- 能运用所学方法，发现宿舍或班级问题并提出解决方案。

行为养成目标：
- 每周参与一次集体活动，并做好自己分内的工作，能发现活动中存在的问题并帮助集体解决问题。

重点难点

- 发现问题和解决问题之间的关系；
- 解决问题的方法与步骤，及其在职场中的应用。

任务一　大家一起来“找碴儿”

情景导入

随着全球经济的逐渐复苏，手机消费市场也展现出勃勃生机。2023 年中国市手机出货量实现了 6.5% 的同比增长，其中 5G 手机增长势头更为强劲。这其中，以华为为首的国产品牌依靠精品转型，在芯片研发、产品设计和品牌升级等一系列环节，上演了精彩的好戏。随着 P 系列、Mate 系列等一批年度精品逐渐成为高端手机市场炙手可热的宠儿，华为行业变革引领者的身份也越发清晰。

无“芯”问题是长期以来国产智能手机发展受限的原因。尽管国产品牌依靠机海战术，迅速占据了市场份额的 50% 以上，但高端市场则被国外厂商牢牢占据；同时，在智能手机芯片等关键部件或技术上，大部分国产手机受制于人，这在消费者内心形成了阴影，也成为智能手机崛起迫切需要解决的品牌公信力问题。

在自主研发芯片方面，华为手机打破“0”的困局，成为国内首家拥有自主研发芯片的厂商。华为是技术创新的典型代表。华为在技术研发、自主创新方面的投入，是华为走在国产手机崛起潮头的关键。目前，华为在新能源汽车等领域的开拓创新，也是基于消费者需求的不断创新，在不断突破自我中稳健前行。

党的二十大报告指出，加快实施创新驱动发展战略。今后各大企业会更加注重对智能终端的创新性研发，加快实施高水平自强自立。

思考与讨论：

（1）读了以上文字，你有哪些体会？

（2）华为手机为何能在“强手如林”的市场中站稳脚跟？

（3）大到国家、企业，小到一个人，创新意识的“萌芽”往往来自什么？

知识精讲

发现问题是解决问题的前提，两者存在因果关系。爱因斯坦认为，提出（发现）一个问题往往比解决一个问题更重要、更困难。由于发现问题是解决问题的前提和基础，因此，人们常说，发现问题是水平，解决问题是能力。要想善于发现问题，个体就要提高认识问题的水平，学会辩证思考、逆向思维，运用发展的观点、联系的观点和矛盾的观点看待问题，遇事多问为什么。

一、发现问题需要具备问题意识

我们生活在一个充斥着各种问题的世界。强烈的问题意识作为思维的动力，会促使人不断地发现问题、分析问题和解决问题。面对同样的问题，具有问题意识的人可以很快发现问题所在并着手研究问题的解决方案，而那些缺乏问题意识的人往往会与重要、有价值的信息擦肩而过却浑然不知。所以，我们应当重视对问题意识的培养。

（一）勤学

21 世纪是知识经济时代，知识更新变化非常迅速，所以我们要勤学，与时俱进，掌握最新的知识与技术。除此之外，我们要广泛涉猎各种知识，拓宽自己的视野，具备扎实的理论知识和专业技能。只有这样才能增强辨别是非、识别洞察的能力，在细微之处发现问题，找到解决问题的最佳方法。

（二）多问

我们应抱着怀疑的态度，审慎看待发生的事情，不唯书、不唯师、不唯上。只有不断地提出问题，敢于并善于发现新的问题，促使自己不断地解决问题，才能不断地成长。在认知事物的过程中，怀疑、批判是发现问题最重要的方式。

（三）慎思

个体有了怀疑、批判的精神，但不慎思，就不可能具备问题意识。对于认知冲突或矛盾，我们应抱着严谨、仔细的科学态度，认真探究，只有这样才能发现隐藏在现象背后的本质，发现真正的问题，找到解决问题的有效办法。慎思是培养问题意识的重要方法。

二、发现问题需要对事件专注

众所周知，我们要做成一件事情，必须集中注意力。一个缺乏专注力的人在工作中无法镇定地面对问题。当我们专注于某件事情时，能让表层意识全力运作，还能够使潜意识进入一种专注于这件事情的状态。有过连续几天乃至一周或更长时间思考同一个问题的人想必都有一种感觉，就是在思考期间，虽然表层意识不在思考某个问题了，但潜意识层面仍然保留着其“惯性”，潜意识层面仍然在做思考的努力，虽然表层意识被其他事情占据，但潜意识仍然将时间无形中利用起来了。这种无形中的时间利用日积月累就可以产生放大效应。一个习惯于专注事情的人不管做什么事情都能迅速地进入一种专注的状态。只有在这种状态下，才能够发现问题。

三、发现问题需要有积极的态度

我们不能以各种借口敷衍塞责而不主动或积极地发现问题，更不能以“当局者迷，旁观者清”为托词为自己发现不了问题找理由。对一个生活和事业都成功的人来说，心态非常重要。如果个体能够保持积极的心态，拥有积极的思维，并引导其为明确的生活目标服务的话，就能够静下心来发现问题；而消极的心态只会让个体看到事物的阴暗面，以致很难发现问题，即使是无意间发现了，也不会引起兴趣。

活动体验

活动一：发现力测试

在规定的时间内按要求找到相应的字。

10 秒钟内在“刀”中找到“力”

刀刀刀刀刀刀刀刀刀刀刀刀刀刀刀刀刀刀刀刀刀刀刀刀刀刀刀刀刀刀

刀刀刀刀刀刀刀刀刀刀刀刀刀刀刀刀刀刀刀刀刀刀刀刀刀刀刀刀刀刀

刀刀刀刀刀刀力刀刀刀刀刀刀刀刀刀刀刀刀刀刀刀刀刀刀刀刀刀刀刀

（1）是什么影响了找出问题的答案？

______

______

______

______

______

（2）如何快速在发现力测试中找到问题的核心？

刀刀刀刀刀刀刀刀刀刀刀刀刀刀刀刀刀刀刀刀刀刀刀刀刀刀刀刀刀

刀刀刀刀刀刀刀刀刀刀刀刀刀刀刀刀刀刀刀刀刀刀刀刀刀刀刀刀刀

刀刀刀刀刀刀刀刀刀刀刀刀刀刀刀刀刀刀刀刀刀刀刀刀刀刀刀刀刀

10 秒钟内在“土”中找到“士”

土土土土土土土土土土土土土土土土土土土土土土土土土土土土土

土土土土土土土土土土土土土土土土土土土土土土土土土土土土土

土土土土土土土土土土土土土土土土土土土土土土土土土土土土土

土土土土土土土土土土土土土土土土土土土土土土土土土土土土土

土土土土土土土土土土土土土土土土土土土土土土土土土土土土土

总结分享：

（1）是什么影响了找出问题的答案？

（2）如何快速在发现力测试中找到问题的核心？

参考解析

活动二：游戏——密室逃脱

密室逃脱是一款解谜游戏，游戏中玩家受困于一个无人的房间内，需要想办法脱身，通过搜寻线索从而一步一步地找到打开房间大门的钥匙。总的来说，密室逃脱游戏的普遍模式是玩家在不停地找物品，在已找到的道具的帮助下找到更多的物品，中间穿插一些谜题，最后将所有的物品和谜题答案整合后通关。游戏的最终目的是在最短的时间里突破障碍，找到打开最后一扇门并离开密室的方法。设计者通过巧妙的构思，在不同的环境下考验玩家不同维度的思考方向，最大限度地锻炼人的观察能力、逻辑推理能力和抽象思维能力。游戏中出现的每种道具都有特定的作用，只有找到并且想到相应的用途，才能顺利地找到答案。

总结分享：

（1）在密室逃脱游戏中我们要解决的问题是什么？

（2）密室逃脱游戏中的道具对开启大门（解决问题）起到了什么作用？

（3）想要打开密室大门我们需要做哪些工作？

（4）面对问题时我们应该拥有什么样的心态？

自我评估

你是不是一个具有问题意识的人

1. 在认知事物的过程中，我对认知对象特别喜欢进行仔细观察、怀疑和批判。

A. 是的　　B. 很少　　C. 从不

2. 在认知事物的过程中，一旦产生了疑问，就会有一股吸引力让我持续不断地探究下去。

A. 是的　　B. 很少　　C. 从不

3. 一旦发现了存在的问题，我就会欢呼雀跃、异常开心。

A. 是的　　B. 很少　　C. 从不

（1）在密室逃脱游戏中我们要解决的问题是什么？

（2）密室逃脱游戏中的道具对开启大门（解决问题）起到了什么作用？

（3）想要打开密室大门我们需要做哪些工作？

（4）面对问题时我们应该拥有什么样的心态？

4. 我对存在的问题有一种自然的发掘的欲望。
   A. 是的　　B. 很少　　C. 从不

5. 对于发现的问题，我会及时分析，想尽各种办法解决。
   A. 是的　　B. 很少　　C. 从不

6. 我经常认为“细节决定成败”。
   A. 是的　　B. 很少　　C. 从不

7. 我经常能准确判断出问题的性质及严重性。
   A. 是的　　B. 很少　　C. 从不

评估标准：

A 计 3 分，B 计 2 分，C 计 1 分。

结果分析：

如果 7 个题目总得分在 10 分以下，则说明你问题意识较差，需要着重培养；如果 7 个题目总得分在 10 ～ 15 分，则说明你具有一定的问题意识，但还需要加强；如果 10 个题目总得分在 15 分以上，则说明你的问题意识很强。

任务二 找对“钥匙”找对“锁”

情景导入

焦建鹏是西吉县龙王坝村的村主任、土生土长的龙王坝人。2001 年大学毕业之后，焦建鹏和朋友一起在银川开了公司。到了 2010 年，焦建鹏决心回乡发展。焦建鹏折腾过“林下经济”：在山上种树，在树下养走地鸡。但是，本地人钱包没有大城市人那么鼓，一看走地鸡的价格比养殖场的鸡贵很多，扭头就走。焦建鹏又尝试农家菜，开发土豆宴，还是留不住客人。后来，他转做乡村旅游。

焦建鹏需要什么支持呢？有一位从国企下来挂职的扶贫干部提出，要给龙王坝村捐款 20 万元。焦建鹏说：“我们村里人多，不够分，我不要钱。”那位干部问：“那你要什么呢？”焦建鹏说：“你把我们村列为你们公司的职工疗养基地，怎么样？”“好，就这么定了。”那位干部说。一开始，那个国企的职工选疗养地点的时候，没人想来龙王坝，得抓阄决定谁来。来了之后，他们发现这里跟想象中的完全不一样：巍巍群山、层层梯田、潺潺流水，窑洞宾馆里的设施和星级酒店一样，夏天不用开空调。这里是个难得的避暑胜地、天然氧吧。

焦建鹏就这样找到了破局点。他说：“我们天天琢磨的都是怎么留住客人。如果职工来疗养，一来就要待几天。要是学艺术的学生来写生，也得待上几天。再把孩子们的社会实践引到村里呢？一来就是一群小客人。”

焦建鹏什么资源都想要。科技馆给了他一批淘汰的器材，他就利用这些器材建了一个乡村版的科技馆。冬天游客少，他就新建了滑雪场。农家餐饮中心不仅有当地特色的农家菜，还搭了一个戏台，经常会有秦腔表演。龙王坝村的村口一边写着“中国西芹之乡”，一边写着“中国文学之乡”。焦建鹏说：“在山里看夜空，星星最亮。在这个小山村陷入沉睡之后，你会看到星辰繁密的夜空。这里的星空无比灿烂，完全不亚于大山外面那些大城市的灯火。”焦建鹏用自己的头脑和双手为繁荣发展文化事业和文化产业做出贡献，更推进了美丽中国的建设。肯奋斗的新时代好青年，让青春在全面建设社会主义现代化国家的火热实践中绽放绚丽之花。

思考与讨论：

（1）焦建鹏找到的破局点是什么？

（2）扶贫干部要捐款 20 万元，焦建鹏为何不要？

（3）在西北偏远的农村，为何焦建鹏成了让龙王坝村焕然一新的关键角色？他身上有什么特别之处？

知识精讲

解决问题的能力是指能够准确地把握事物发生问题的关键，利用有效资源，提出解决问题的意见或方案，并付诸实施，进行调整和改进，使问题得到解决的能力。它既涵盖具体专业技能和专业知识内必备的职业能力，又涉及具体专业技能和专业知识以外的职业能力。本项目中的解决问题的能力主要是指后一种职业能力。当职业发生变化或当劳动组织出现变更时，劳动者具有的这一职业能力依然能够发挥作用、显现效果。只要劳动者拥有这种基本的职业素质和职业能力，就能从容地面对市场或职业的挑战，在快速变化的环境或职场中，游刃有余地解决出现的各种新矛盾和新问题。这是劳动者从事任何一种职业都必须具备的职业社会能力，是一种重要的职业核心能力。

一、解决问题的方法

如何有效地处理问题？态度、心态是关键。面对困难和问题时，不同的人会做出不同的选择：有的人不断向上攀爬，将自己打造成解决问题的高手，成为成功路上的征服者；有的人害怕和退缩，成为成功路上的失败者；还有的人有些问题解决了，有些问题没有解决，最终成为成功路上的看客。解决问题的态度和原则分别见表 9-1 和表 9-2。

表 9-1 解决问题的态度

不可取的解决问题的态度	可取的解决问题的态度
推卸型——这事与我无关 逃避型——我处理不了，没办法 不负责任型——反正都这样了，随便来吧 虎头蛇尾型——事前拍胸脯，这事交给我	强烈的解决问题的愿望 勇于承担责任 积极参与 耐心倾听

续表

不可取的解决问题的态度	可取的解决问题的态度
事中拍脑袋，就这样吧 事后拍屁股，我不管了 能力不足、冲大头型——做错了再说 拖延型——问题会慢慢消失的 纸上谈兵型——我认为就是这样，不用试了 抱怨型——你们怎么回事？他们……	不轻言放弃 实事求是 力求完美 努力推进

表 9-2 解决问题的原则

问题解决的原则	解决复杂问题应具备的能力
要事优先，分清轻重缓急 团队合作 以事实为依据 拿数据说话 注重细节 追求时效 效果导向 沟通、沟通、再沟通	专业知识 沟通、协调能力 团队合作能力 良好的情绪控制能力 良好的判断力 高度的执行力

（一）别为自己找借口

无论面对任何问题，我们都要敢于尝试。只有正视问题，寻求突破方法，才能解决问题。世上无难事，只要努力寻找方法，自然就有答案，不要为自己寻找任何借口。在职场中，对于任何事情我们都要努力尝试，千万不要试图用错误的推论判断正确的结论。面对生活中的某些问题，我们不要轻易说不知道，更不要轻易放弃，要敢于尝试。

（二）不是不可能，只是暂时未找到方法

成功者遇到问题时会寻找各种方法，而失败者总是为自己找借口。在生活中，我们要坚信凡事都有解决的办法，将“不可能”转变为“不，可能”。所谓没有办法，就是没有想出新办法。在职场中，当遇到未曾做过的事情和见过的问题时，我们不应退缩，要意识到每个问题的解决都是锻炼自己和提升自身能力的一次机会。我们只要用一种宏大的视野和综合全局的胸怀看待问题，按照合理的步骤，运用灵活多变的思考方式和随机应变的智慧分析问题，就会发现没有解决不了的问题。

二、解决问题的步骤

（一）找出问题、判断问题

这是解决问题的第一步。只有发现问题，才能想办法解决问题。问题往往并不是明显地摆在表面，而是需要寻找和界定。当我们觉得事情还能做得更好的时候，

就需要思考问题出在哪里，找到主要的症结，然后用清晰的语言把它描述出来，切记不能停留在表面，要深入思考。例如：“我的人际关系不广，大家都不认识和了解我。”这样的描述比较普通，会让你感到找不到问题的关键。而经过分析和思考之后认为“我参加的社会活动太少，所以认识和了解我的人不多”，这样就对问题有了一个比较具体的界定，解决的方向和思路也就比较清晰可见。

（二）提出可行性方案

我们可以试着创造条件来解决问题，进一步总结解决方案，确保方案的适用性、合理性和有利性，以及实施的可能性和可行性。

（三）确定解决方案

我们可将可行性方案列出，从中选择合适的应用方案。选择时要以问题所处的时间和环境作为参考依据，同时评估所有方案的优点和缺点，尽可能保证在选择时思考全面，最终做出最合适的选择。我们有时会碰到这样的情况：待选方案都很有特点并具备可行性，难以做出选择。在这种情况下，我们要果断做出决定，以一个方案为主、其他方案备选的形式让问题尽快得到解决，避免因为犹豫不决而导致拖延，造成工作中的损失。工作都是为了解决问题，无法确定解决方案，前面的所有心血都等于白费。

（四）制订行动计划

制订行动计划时，要将计划的可行性作为考量标尺。

（五）实施和评估

这是解决问题至关重要的一步。只有执行了行动计划，才有可能真正解决问题。不管事先所做的思考多么深入，制定的方案和计划多么全面，仍然不可能十全十美。计划终归没有变化快，在实施的过程中我们总会碰到这样那样的、没有预想到的问题。所以我们不仅要执行计划，而且要检查和评估，根据评估结果及时修正计划，在修正的基础上继续执行，如此一来，解决方案会慢慢趋于完美，也将会解决得更加顺利。

（六）互联网的力量

互联网是一个面向公众的社会性网络，人们利用互联网进行信息交流和资源共享。互联网资源共享可以帮助企业和个人扩大市场。通过资源共享，用户可以将产品或服务推广到更广泛的受众群体。互联网不仅反映了人类的无私精神，而且使人们学会如何更好地和平共处。透过网络信息的传播，全世界任何人，无论国籍、种族、性别、年龄、贫富，都可以互相传递经验与知识，发表意见和见解。尤其近年来，数据资产成为核

拓展阅读：
用大数据解决问题

心竞争力，它带给我们丰富的内容，有助于我们认知世界，并让世界认知我们。当遇到问题的时候，我们可以通过互联网上的资源找到所需，从而解决碰到的困难。与此同时，互联网通过积累用户信息形成了大数据库，为人们提供了无限的信息资源和服务资源。人们可以运用这一资源来解决问题和改善自身的处境。

活动体验

请写下你的心得体会。

活动：头脑风暴——用五问法解决问题

活动目的：

实战解决问题。

活动方式：

头脑风暴。

体验场景：

宿舍跳闸、胃疼、作文分低、不合群、不被理解、心理素质差。

相关知识链接：

五问法，即五问为什么，是一种提出问题的方法，用于探究造成问题的因果关系。

五问法的关键在于：鼓励解决问题的人要努力避开主观或自负的假设和逻辑陷阱，从结果着手，沿着因果关系链条，顺藤摸瓜，穿越不同的抽象层面，直接找出问题的根本原因。

例如：设备停机。

为什么停机了？机器过载，保险烧了。

为什么会过载？轴承润滑不够。

为什么润滑不够？机油泵没抽上足够的油。

为什么机油泵抽油不够？泵体轴磨损，金属屑被吸入泵中。

为什么金属屑被吸入泵中？吸油泵没有过滤器。

因此，解决办法是安装过滤器。

参考解析

自我评估

测试你解决问题的能力

1. 你的书因水管漏水被浸坏了：
   A. 你非常不愉快，不停地抱怨
   B. 你想借此不交物管费，并写了批评信
   C. 你自己擦洗、清理、烤晒图书，并修理水管
2. 当你和同学发生矛盾的时候：
   A. 你认为最好的办法就是以后谁也不理谁，以减少麻烦
   B. 等待对方来处理，自己顺其自然
   C. 自己首先反思问题，并向对方致歉
3. 如果某个朋友要过生日了，邀请你参加生日聚会，你当然得送礼物，这时你：
   A. 事先对对方说你有事不能参加，事实上你并没有什么事情，你只是为了不送礼物
   B. 对那些你认为重要的朋友，如可以给你帮助的人，你才愿意参加并送礼物
   C. 经常收集一些小的或比较奇特的礼物来应对朋友生日这类事情
4. 当你感到身体不舒服时，你会：
   A. 拖延着不去就诊，认为慢慢会好的
   B. 自己诊断一下，去药房买药
   C. 把这种情况及时告诉家人，然后去医院检查
5. 工作中的各种压力使你和家人变得容易发生争执时：
   A. 你会向朋友倾诉
   B. 你设法避免和家人争吵
   C. 你和家人一起讨论，研究解决的办法
6. 你的好友因发生车祸而受了重伤，你得知消息时：
   A. 失声痛哭，不知该如何是好
   B. 叫来医生，要求服镇静剂来度过以后的几小时
   C. 抑制自己的感情，因为你还要告诉其他亲友
7. 当领导交给你一份重要的工作任务时：
   A. 你会放弃这个机会，因为这项工作的要求太高
   B. 你怀疑自己能否承担起这项工作
   C. 你仔细分析这项工作的要求，做好准备设法把它做好
8. 你最好的朋友要结婚了，而你认为他们在一起不会幸福：
   A. 你会认真地规劝那位朋友，请他慎重考虑
   B. 你努力说服你自己，让自己相信时间还允许朋友改变计划
   C. 你不会着急，因为你相信一切都会好起来

9. 当你和别人发生冲突，解决不了，只得去法庭时：

A. 你会因为焦虑和不安而失眠

B. 你不去想这件事，出庭时再设法应付

C. 你把这件事看得很平常

10. 当你和同学发生争执，却没有结果时：

A. 你会发泄情绪，想把这件不快的事忘掉

B. 你会请教别人如何处理

C. 你会外出散步或消遣，以平息心中的愤怒

评估标准：

A 计 1 分，B 计 2 分，C 计 3 分。

结果分析：

如果 10 个题目总得分在 15 分以下，则说明你解决问题的能力较差；如果 10 个题目总得分在 15 ～ 25 分，则说明你解决问题能力一般，有时稍有迟疑；如果 10 个题目总得分在 25 分以上，则说明你处理问题的能力很强。

项目实训

实训主题：拍摄并制作团队秀。

实训形式：通过书籍、网络或者寻求专业老师指导，学会使用某种视频编辑软件进行视频制作，能够将录制的视频进行特效编辑。

实训要求：

1. 任务以制作的小视频作为结果体现。

2. 实训要求与注意事项：

（1）进行团队分工，要求有拍摄组与编辑组，两组协作完成任务；

（2）拍摄组学习拍摄技术，针对团队成员特点拍摄个人秀；

（3）编辑组学习后期制作技术，根据拍摄组作品进行后期制作，完成团队秀的制作。

3. 过程记录：对任务完成过程全程拍摄。

设计方案

培根铸魂

创新是引领发展的第一动力，抓创新就是抓发展，谋创新就是谋未来。习近平总书记在党的二十大报告中强调："坚持创新在我国现代化建设全局中的核心地位。"新时代新征程，只有持续增强创新这个第一动力，深入实施创新驱动发展战略，把科技的命脉牢牢掌握在自己手中，在科技自立自强上取得更大进展，才能不断提升我国发展独立性、自主性、安全性。

自力更生是中华民族自立于世界民族之林的奋斗基点，自主创新是我们攀登世界科技高峰的必由之路。习近平总书记在 2014 年 6 月 9 日中国科学院第十七次院士大会、中国工程院第十二次院士大会上发表讲话时指出："不能总是用别人的昨天来装扮自己的明天。不能总是指望依赖他人的科技成果来提高自己的科技水平，更不能做其他国家的技术附庸，永远跟在别人的后面亦步亦趋。"只有自主创新，才能推动我国经济发展实现质量变革、效率变革、动力变革。全社会研发经费支出从 1 万亿元增加到 2.8 万亿元，国家创新能力综合排名上升至世界第十一位，累计授权发明专利 395.3 万件……新时代这十年，我们坚定不移走自主创新道路，取得了辉煌成就，把创新发展主动权牢牢掌握在自己手中。

全面建设社会主义现代化国家，教育是基础，科技是关键，人才是根本。党的二十大报告突出了创新在我国现代化建设全局中的核心地位，将教育、科技、人才进行统筹部署。这既彰显了教育、科技、人才是全面建设社会主义现代化国家的基础性、战略性支撑，又强调了三者之间内在的有机联系。总体上看，教育优先发展，重在夯实人力资源基础；科技自立自强，重在坚持独立自主开拓创新；人才引领驱动，重在巩固发展优势赢得竞争主动，三者既相互融合又各有侧重。面向未来，我们必须坚持科技是第一生产力、人才是第一资源、创新是第一动力，深入实施科教兴国战略、人才强国战略、创新驱动发展战略，开辟发展新领域新赛道，不断塑造发展新动能新优势。

开放是发展进步的必由之路。自主创新不是闭门造车，不是单打独斗，不是排斥学习先进，不是把自己封闭于世界之外。习近平总书记在 2016 年 4 月 19 日网络安全和信息化工作座谈会上发表讲话时强调："一定要坚持开放创新，只有跟高手过招才知道差距，不能夜郎自大。"在经济全球化深入发展的大背景下，创新资源在世界范围内加快流动，各国经济科技联系更加紧密，任何一个国家都不可能孤立依靠自己的力量解决所有创新难题。在更高起点上推进自主创新，必须用好国际国内两种科技资源，扩大国际科技交流合作，加强国际化科研环境建设，形成具有全球竞争力的开放创新生态。

惟创新者进，惟创新者强，惟创新者胜。当前，新一轮科技革命和产业变革蓬勃兴起，科技创新成为关键变量。保持战略定力、坚定创新自信、奋力攻坚克难，加快实施创新驱动发展战略，不断激发创新的澎湃动能，让创新在全社会蔚然成风，让创新源泉充分涌流，我们一定能在新征程上赢得优势、赢得主动、赢得未来。

资料来源：姚志飞．激发创新的澎湃动能．人民日报，2022-12-14.

项目十　职业探索与职业成长

学习目标

知识目标：
- 举例说明职业能力和学习能力的重要性；
- 设计提高职业能力的途径；
- 论证提升学习能力和创新能力的方法。

能力目标：
- 评价个人职业能力的优势、劣势；
- 对某一待解决问题提出三种以上解决方法。

行为养成目标：
- 能够积极参与学习过程；
- 能够结合自身实际情况制订学习计划。

重点难点

- 提升职业能力和学习能力的途径和方法；
- 增强自觉提升职业能力的意识；
- 养成良好的学习习惯和创新意识。

任务一　找到“金刚钻”再揽“瓷器活儿”

情景导入

近日，一封来自宁波市税务局第一稽查局的感谢信寄到了浙江理工大学，信中感谢了学校信息学院计算机系教授沈炜在“6·10”出口骗税案中所做的贡献，大家才知道沈炜老师利用专业知识为一起骗税案提供技术支持，为国家挽回了27.73亿元的重大损失。该案件还受到《新闻联播》《朝闻天下》《中国税务报》《新闻直播间》等媒体的报道。这究竟是怎么回事？

2018 年 5 月，宁波市税务局第一稽查局接到上级单位下发线索，发现宁波某进出口企业收受了品名为姿态稳定控制器的大额进项发票涉嫌虚开骗税骗优惠，金额高达 2 975 万元。

姿态稳定控制器的核心是一个芯片，通常只有指甲盖大小，内嵌控制软件，一个控制器售价一般几十元到几百元不等，高的上千元。第一稽查局发现该进出口企业申报出口了大量的姿态稳定控制器。

“如果这些姿态稳定控制器出口是真实的，都能装配全球所有的民用无人机了。”稽查人员表示。

抱着怀疑的态度，第一稽查局检查组开始进行走访和调查，一个连环骗税链条隐现，但始终缺少一个关键的技术证据来确定这样的芯片是否具有使用功能和价值，是否被低值高报。

一项撕破骗局的关键证据

2020 年 9 月，经由浙江省机电设计研究院介绍，该案件检查组找到沈炜老师。“不同的芯片有不同的规格书，我们通过计算机资料检索，就可以知道这个芯片到底是用来做什么的。”沈炜老师解释道。

“简单来说，就是要判断这个芯片与控制器说明书上的功能是否匹配，如果不匹配，就意味着企业生产的是虚假产品。”沈炜老师加入办案组后就基本确定了这是一个打着高科技产品旗号的骗局。为了找到关键性的证据，沈炜老师跟随检查组走访深圳，去相应的企业调取相关产品资料。回来后，他在实验室进行实验，并与其他工程师一起开发了相关的测试装置。“从实际的效果和技术分析的角度来看，案件中的芯片达不到产品说明书所列软件的功能，所以说这就是虚开骗税骗优惠的骗局。”

沈炜老师从技术角度上固定了证据，加之其他严密的论证，出具了技术鉴定意见书，从而帮助税务机关和警方固定了此宗骗税案的证据。

此案涉及全国 54 家企业，其顺利侦破共为国家挽回了 27.73 亿元的重大损失，也是数字化改革在国家税务治理方面的一项重大举措。

“随着国家加大对此类案件的打击力度，这类违法犯罪手段会向更隐蔽的方向发展，税务机关可以利用税收大数据，通过核算软件产品的成本是否正常合理，进而及早发现问题。”在破获骗税案后，沈炜老师也对此类案件给出了建设性意见。

其实，这并不是沈炜老师第一次利用计算机技术帮助破案。此前，他还协助济南铁路公安、苍南公安等单位破获了多起银行卡诈骗案件。

“每一次破案，都是一次跨界融合。比如这次宁波税务的案件，税务机关是专家，但因为税务牵扯到各行各业，在涉及软件 IT 行业时，他们需要专业的技术支持。”沈炜老师说道，“这时候像我们这样的专业技术人员，就可以提供给他们一些所需要的技术性服务和支撑，我们也更好地为社会提供了服务。”

“学习计算机专业既能掌握科技的魅力，又能感受服务社会的浪漫情怀。”对于运用计算机专业知识技术助力国家治理，沈炜老师始终抱着谦虚的态度，他认为所学专业能够有用武之地，得益于时代的进步，自己的尝试和努力也许能够成为课程思政的一种探索，让学生们能够热爱自己的学科，并学以致用，回馈社会。

资料来源：浙江省教育厅官微“教育之江”.

思考与讨论：

（1）沈炜老师能够成功为国家挽回27.73亿元的重大损失的原因有哪些？

（2）培养专业能力与培养职业能力有什么关系？

知识精讲

俗话说“没有金刚钻，别揽瓷器活儿”，意思是没有相关的能力，就不要接受自己干不了的工作。而职场究竟需要什么样的能力，这也许是众多即将进入职场或已初涉职场却屡受挫折的人共同面临的困惑。按照传统的观念，一个人在接受一定年限的正规教育之后，应该初步具备了从业的基本能力。然而，事实却告诉我们，职场与校园的差别非常大，以致许多学业成绩优秀的求职者得不到用人单位的录用，很多幸运的职场新人虽然求职成功却无法适应工作的要求。

一、职业能力的概念

职业能力是人们从事某种职业必须具备的，并在该职业活动中表现出来的综合能力，它与个人事业的发展之间有着紧密的联系。个体只有具备相关的职业能力，才能进入某一职业领域。职业能力的高低是事业成败的关键。

职业能力主要包含三方面的基本要素：

（1）为了胜任一种具体职业而必须具备的能力，表现为任职资格；

（2）在步入职场之后表现的职业素质；

（3）开始职业生涯之后具备的职业生涯管理能力。

例如：一位教师只具有语言表达能力是不够的，还必须具有对教学的组织和管理能力、对教材的理解和使用能力、对教学问题和教学效果的分析及判断能力等，并且有对学生进行有效、积极地教育的能力。这才是一位老师的职业能力。

如果说职业兴趣或许能决定一个人的择业方向，以及在该方面所乐于付出努力的程度，那么职业能力则能说明一个人在既定的职业方面是否能够胜任，也能说明一个人在该职业中取得成功的可能性。

二、职业能力的构成

职业能力主要由基本能力、专业能力和关键能力三方面构成。

（一）基本能力

基本能力是指个体从事社会职业活动所具备的、基本的、通用的能力。它具有普遍的适用性、通用性及可迁移性，是我们所必须具备的基本素养和从业能力，如语言表达能力、文字表达能力、计算机操作能力、基本的判断能力和辨别能力，以及遇到挫折时良好的心理承受能力。这些都是我们在职业活动中不可缺少的能力。

（二）专业能力

专业能力主要是指个体从事某一职业，适应该职业岗位的知识、经验与技能。不同的行业和岗位对专业能力的要求也不一样，个体如果不具备专业能力，就不能承担并做好某一项专业工作。在求职过程中，招聘方最关注的就是求职者是否具备胜任岗位工作的专业能力。

（三）关键能力

关键能力，又称核心能力，是人们职业生涯中除岗位专业能力之外的能力。关键能力适用于各种职业，能适应岗位不断变换，是伴随个体终身的可持续发展能力。如果几个应聘者具有同等的专业水平，那么跨专业的关键能力就对能否被录用起着决定性的作用。应聘者在参加面试时，要努力表现自己所具备的关键能力。关键能力主要包括以下几个方面：

1. 方法能力

方法能力包括信息收集和筛选能力、制订工作计划的能力、独立决策和实施的能力、准确的自我评价能力和接受他人评价的承受力。

2. 社会能力

社会能力主要是指一个人的团队协作能力、人际交往和沟通能力。在工作中表现为能够协同他人共同完成工作，对他人公正宽容，具有准确的判断力和自律能力等。社会能力是岗位胜任和在工作中开拓进取的重要条件。

3. 个人其他能力

在现代职场，人的社会责任心和诚信将越来越受到重视，一个人的职业道德会越来越受到全社会的尊重和赞赏，爱岗敬业、工作负责、注重细节的职业人格会得到全社会的肯定和推崇。

三、提高职业能力的途径

（一）职业实践促进职业能力的发展

拓展阅读：
掌握正确的工作方法

职业能力是在实践的基础上得到发展和提高的，一个人长期从事某一专业劳动，能促使人的能力向高度专业化发展。例如：计算机文字录用人员，随着工作的熟练和经验的积累，录入的速度会越来越快，准确性也会越来越高。个体的职业能力只有在实际工作中才能不断得到发展、提高和强化。在校大学生可以积极参加各类社会实践，为步入职场“热身”。

（二）教育和培训促进职业能力的提高

个体职业能力除了在实践中磨炼和提高之外，最有效的途径就是接受教育和培训。如目前的职业教育、专科教育、大学本科教育、研究生教育等，以及形象礼仪、心理学等相关培训。通过教育和培训掌握有关的知识、技能，对个人以后更好地胜任本职工作会有极大的帮助。

通过以上分析，我们不难看出：任何一个职业岗位都有相应的岗位职责要求，而一定的职业能力则是胜任某种职业岗位的必要条件。因此，求职者在择业时，要明确自己的能力优势以及胜任某种工作的可能性。个体应做自己能够胜任的工作，培养和发展自己的职业能力，发挥个人的潜能。个体的职业能力越强，各种能力越综合发展，就越能在职业活动中进行创造和发展，越能取得较好的工作绩效和业绩，越能给个人带来职业成就感。

活动体验

活动一：情景模拟

活动方式：

报数分组。

活动目的：

通过推销自己更加清晰地认识自身的能力，从而有针对性地提高自己的能力。

活动内容：

假设你现在正在面试，面试官让你做自我介绍，请你用三分钟的时间来推销自己，推销过程中要突出自己的职业能力和特长，设法给面试官留下深刻的印象。小组中一人扮演求职者，一人扮演面试官，其余组员做观察员。轮流交换角色。

总结分享：

（1）我的推销是否令人信服？

（2）还需要补充什么？

（1）我的推销是否令人信服？

（2）还需要补充什么？

（3）如何使我的推销变得更好？

（4）由面试官和观察员说出求职者需要具备哪些能力才能胜任其所应征的职位。

（1）图 10-1、图 10-2 为华为公司 2015 年和 2023 校园招聘信息，你发现了什么？

（2）假设你所在的企业正在招聘员工，作为代表，你更看重求职者的能力还是学历？

（3）提高学历和能力的途径各有哪些？

（3）如何使我的推销变得更好？

（4）由面试官和观察员说出求职者需要具备哪些能力才能胜任其所应征的职位。

面试官：

观察员：

活动二：辩论赛

活动目的：

通过辩论赛使学生对能力和学历问题有更深入的认识，同时提高学生的综合能力。

［辩题］职场中能力更重要还是学历更重要。

［正方观点］能力更重要。

［反方观点］学历更重要。

辩论赛规则：

（1）赛制：四对四团体辩论赛，每个组选出四名辩手参加比赛，赛前分工。同时选出两名计时员。

（2）正、反方一辩在规定时间内发言，若超时，酌情扣分。以此类推，正方二辩、反方二辩、正方三辩、反方三辩及自由辩论赛阶段。

（3）自由辩论。限定自由辩论时间。自由辩论必须是正、反方交替进行，两位计时员分别为两队计时。先由正方任何一名辩手发言（此时为正方计时），完毕后（中止正方计时并开始反方计时），反方任一辩手发言，直到每方队员时间用完为止。在自由辩论时间，辩手的发言次序、次数和个人发言时间不受限制。如一队发言时间已用尽，另一队还有时间，则该队队员可以继续发言，直至时间用完。

（4）正、反方四辩在规定时间内总结陈词，如若超时，酌情扣分。评分细则见表 10-1。

表 10-1 辩论赛评分细则

项目	细则	分数	总分
个人分数（4 人）	辩论技巧：辩手语言流畅、分析、应变能力及论点的说服力和逻辑性。	20 分	
	内容资料：论据内容是否充实、正确，引用材料是否恰当。	20 分	
	自由辩论：个人在自由辩论中的表现。	20 分	
团体合作	整体论点结构的完整性、队员之间的默契与配合。	40 分	

总结分享：

（1）图 10-1、图 10-2 为华为公司 2015 年和 2023 校园招聘信息，你发现了什么？

（2）假设你所在的企业正在招聘员工，作为代表，你更看重求职者的能力还是学历？

（3）提高学历和能力的途径各有哪些？

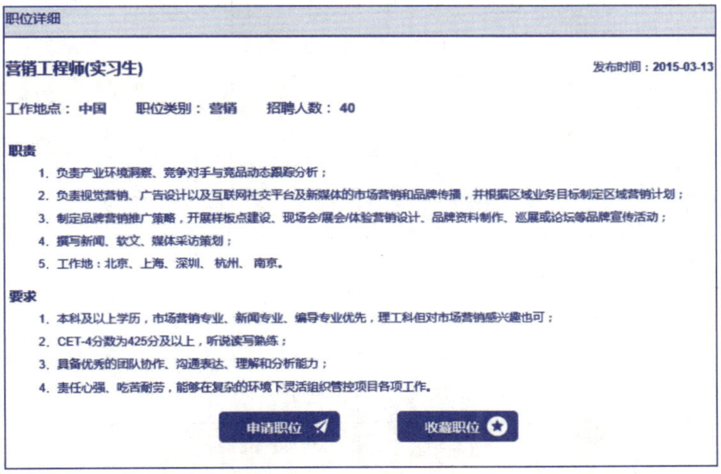

职位详细

营销工程师(实习生)　　发布时间：2015-03-13

工作地点：中国　　职位类别：营销　　招聘人数：40

职责

1. 负责产业环境洞察、竞争对手与竞品动态跟踪分析；
2. 负责视觉营销、广告设计以及互联网社交平台及新媒体的市场营销和品牌传播，并根据区域业务目标制定区域营销计划；
3. 制定品牌营销推广策略，开展样板点建设、现场会/展会/体验营销设计、品牌资料制作、巡展或论坛等品牌宣传活动；
4. 撰写新闻、软文、媒体采访策划；
5. 工作地：北京、上海、深圳、杭州、南京。

要求

1. 本科及以上学历，市场营销专业、新闻专业、编导专业优先，理工科但对市场营销感兴趣也可；
2. CET-4分数为425分及以上，听说读写熟练；
3. 具备优秀的团队协作、沟通表达、理解和分析能力；
4. 责任心强、吃苦耐劳，能够在复杂的环境下灵活组织管控项目各项工作。

申请职位　　收藏职位

图 10-1 华为公司 2015 年校园招聘信息

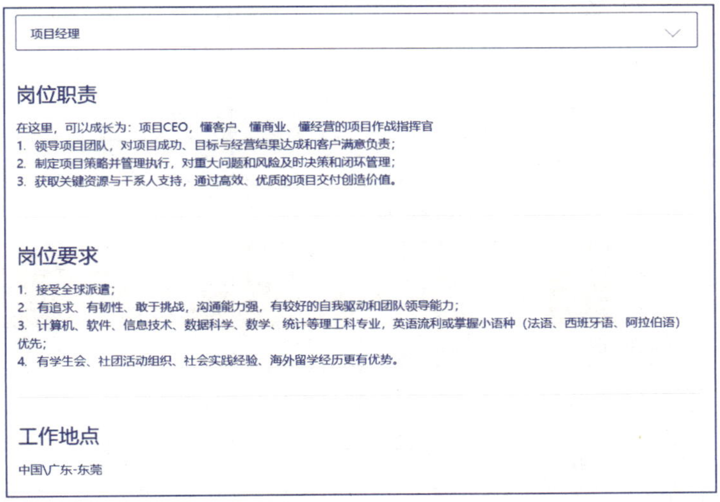

项目经理

岗位职责

在这里，可以成长为：项目CEO，懂客户、懂商业、懂经营的项目作战指挥官
1. 领导项目团队，对项目成功、目标与经营结果达成和客户满意负责；
2. 制定项目策略并管理执行，对重大问题和风险及时决策和闭环管理；
3. 获取关键资源与干系人支持，通过高效、优质的项目交付创造价值。

岗位要求

1. 接受全球派遣；
2. 有追求、有韧性、敢于挑战，沟通能力强，有较好的自我驱动和团队领导能力；
3. 计算机、软件、信息技术、数据科学、数学、统计等理工科专业，英语流利或掌握小语种（法语、西班牙语、阿拉伯语）优先；
4. 有学生会、社团活动组织、社会实践经验、海外留学经历更有优势。

工作地点

中国\广东-东莞

图 10-2 华为公司 2023 年校园招聘信息

自我评估

职业能力倾向测试

相关测试表格见表 10-2 至表 10-10。

表 10-2 一般学习能力倾向

评估项目	强	较强	一般	较弱	弱
	1	2	3	4	5
快而容易地学习新的内容					
快而正确地解决数学题目					
你的学习成绩					
对课文的理解、分析、综合能力					
对所学知识的记忆能力					

表 10-3 语言能力倾向

评估项目	强	较强	一般	较弱	弱
	1	2	3	4	5
表达自己观点的能力					
阅读速度和理解能力					
掌握词汇量的程度					
你的语文成绩					
你的文学创作能力					

表 10-4 数理能力倾向

评估项目	强	较强	一般	较弱	弱
	1	2	3	4	5
对物和量的抽象概括能力					
笔算能力					
口算能力					
打算盘					
你的数学成绩					

表 10-5 空间判断能力倾向

评估项目	强	较强	一般	较弱	弱
	1	2	3	4	5
解决立体几何方面的问题					
画三维度的立体几何图形					
看几何图形的立体感					
想象盒子展开后的平面形状					
想象三维度的物体					

表 10-6　形状知觉能力倾向

评估项目	强	较强	一般	较弱	弱
	1	2	3	4	5
发现相似图形中的细微差异					
识别物体的形态差异					
注意物体的细节部分					
观察图案是否正确					
对物体的细微描述					

表 10-7　书写知觉能力倾向

评估项目	强	较强	一般	较弱	弱
	1	2	3	4	5
快而准确地抄写材料的能力					
发现错别字或计算错误的能力					
很快地查找编码卡片的能力					
较长时间工作的能力					
一般应用文的写作能力					

表 10-8　运动协调能力倾向

评估项目	强	较强	一般	较弱	弱
	1	2	3	4	5
玩电子游戏					
篮、排、足球运动					
乒乓球、羽毛球运动					
打算盘能力					
打字能力					

表 10-9　手指灵巧度

评估项目	强	较强	一般	较弱	弱
	1	2	3	4	5
灵巧地使用很小的工具					
穿针眼、编织等使用手指的活动					
使用手指做一件小工艺品					
使用计算器的灵巧程度					
弹琴（钢琴、电子琴等）					

表 10-10　手腕灵巧度

评估项目	强	较强	一般	较弱	弱
	1	2	3	4	5
用手把东西分类的能力					
在推拉东西时手的灵活度					
很快地削水果的能力					
灵活地使用手工工具的能力					
绘画、雕刻等手工活动的灵巧性					

计算方法：

（1）首先计算每次的平均分。

每次的平均分 =[（第 1 列选择次数之和 ×1）+（第 2 列选择次数之和 ×2）+（第 3 列选择次数之和 ×3）+（第 4 列选择次数之和 ×4）+（第 5 列选择次数之和 ×5）]÷5

（2）将每一次的平均分填入下表（见表 10-11）。

表 10-11　分值统计

序号	一	二	三	四	五	六	七	八	九
项目	一般学习能力倾向	语言能力倾向	数理能力倾向	空间判断能力倾向	形状知觉能力倾向	书写知觉能力倾向	运动协调能力倾向	手指灵巧度	手腕灵巧度
平均分									

结果分析：

各种职业对职业能力倾向的要求如表 10-12 所示。

表 10-12　各种职业对职业能力倾向的要求

职业	一	二	三	四	五	六	七	八	九
生物学家	1	1	1	2	2	3	3	2	3
	★	★	★	★					
建筑师	1	1	1	1	2	3	3	3	3
	★	★	★	★	★		★	★	
测量员	2	2	2	2	2	3	3	3	3
	★		★	★	★		★	★	
制图员	2	3	2	2	2	3	2	2	3
	★		★	★	★	★		★	
建筑和工程技术专家	2	2	2	2	2	3	3	3	3
	★	★	★	★	★				

续表

职业	一	二	三	四	五	六	七	八	九
物理科学技术专家	2	2	2	2	3	3	3	3	3
	★	★	★	★	★				
农业、生物专家	2	2	2	4	2	3	3	2	3
	★	★	★		★				★
数学家和统计学家	1	1	1	3	3	2	4	4	4
	★	★	★	★		★			
计算机程序员	2	2	2	2	3	3	4	4	4
	★	★	★	★		★			
经济学家	1	1	2	2	2	3	4	4	4
	★	★		★	★				
心理学家	1	1	2	2	2	3	4	4	4
	★	★	★		★	★			
历史学家	1	1	3	4	4	3	4	4	4
	★	★		★					
政治经济学家	2	2	2	3	3	3	3	3	3
	★	★	★			★			
社会工作者	2	2	3	4	4	3	4	4	4
	★	★						★	
法官和律师	1	1	3	4	3	3	4	4	4
	★	★							
公证人	2	2	3	4	4	3	4	4	4
	★	★		★				★	
图书管理员	2	2	3	3	4	2	3	4	4
	★	★					★		
职业指导者	2	2	3	4	4	3	4	4	4
	★	★						★	
大学教师	1	1	3	3	2	3	4	4	4
	★	★				★	★		
中学教师	2	2	3	4	3	3	4	4	4
	★	★	★					★	
小学和幼儿园教师	2	2	3	3	3	3	3	3	3
	★	★	★					★	
内、外、牙科医生	1	1	2	1	2	3	2	2	2
	★	★		★	★				
兽医学家	1	1	2	1	2	3	2	2	2
	★	★		★	★		★	★	

续表

职业	一	二	三	四	五	六	七	八	九
营养学家	2	2	2	3	3	3	4	4	4
	★	★	★				★		
药物实验技术专家	2	2	2	3	2	3	3	3	3
	★	★	★				★		★
画家、雕刻家	2	3	4	2	2	5	2	1	2
	★	★		★	★		★	★	★
产品设计师	2	2	3	2	2	4	2	2	3
	★	★		★	★			★	★
舞蹈家	2	3	3	2	3	4	2	3	3
	★	★		★				★	
播音员	2	2	3	4	4	3	4	4	4
	★	★							
作家和编辑	2	1	4	4	4	3	4	4	4
	★	★					★		
翻译人员	2	1	4	4	4	3	4	4	4
	★	★							
体育教练员	2	2	2	4	4	3	4	4	4
	★	★	★						
秘书	3	3	3	4	3	2	3	3	3
	★	★				★	★	★	★
商业经营管理人员	2	2	3	4	4	3	4	4	4
	★	★	★				★		
统计人员	3	3	2	4	3	2	3	3	4
	★		★			★	★		

任务二 学无止境

情景导入

夏冰和王平都来自农村，在某学校电子设备与运行管理专业学习。因在校学习成绩优异，两人被推荐到一家公司实习。

对于这个来之不易的实习工作，两人都非常珍惜。王平每天八点按时上班，按部就班地做好自己的本职工作。夏冰则每天第一个来到公司，做好准备工作，他想自己是一个新人，必须更加努力才能进步。其实他不仅是第一个到实习单位的，也是宿舍第一个起床的。每天早上他都要先看上一个小时的专业书籍，加强专业理论学习，在上班的途中还利用乘车时间背英语单词。

到了单位，夏冰从其他人不愿干的脏活儿、累活儿干起，出了问题自己先运用所学的知识进行分析，然后虚心向老师傅请教，并且将老师傅传授给他的技能、经验都及时记在本子上，晚上回去再温习一遍，以便下次遇到同样的问题时自己可以妥善解决。王平劝他别这么累，在学校学的知识已经可以应付目前的工作要求了，实习生做好公司分配的工作就已经很好了，而其他的工作会有经验丰富的老师傅负责的。

实习结束以后，恰逢公司需要招聘一名技术人员，公司想在王平和夏冰间选拔一名留用，结果……

思考与讨论：

（1）请预测此次招聘的结果并说出你的理由。

（2）夏冰是如何学习的？

（3）如果你是一位实习生，在面对这样的情况时，你会怎么做？

知识精讲

一、学习能力与创新能力的重要性

学习能力和创新能力是职场的核心竞争力。任何企业都需要有自主学习精神和创新能力的员工，这类员工能够创造性地完成工作，不断激发自身潜能，在职业生涯中取得持续的成功。

据统计，在实际工作所运用的知识中，只有10%来自课堂学习，剩下的90%来自工作后的自我学习。在信息化时代，知识门类激增，知识更新速度加快，一个人在学校里学到的知识占他一生中所学知识的比重越来越小，因此，学习是提升自身能力和竞争力的重要途径。同时，创新思维是企业发展的动力源，是企业长盛不衰的根本原因。同样，创新能力也是职场员工获得成功的关键所在。创新对员工的意义，如同新鲜空气对生命的意义，员工只有不断在思想上创新、观念上创新、技术上创新、知识上创新，才能确保在公司或人力资源市场上拥有自己的一席之地。

二、提高学习能力的方法

我们从小就开始学习，但是并不是每个人都会学习。掌握科学的学习流程和学习方法能达到事半功倍的效果。

（1）制定合理的学习目标和计划。个体必须依据当前实际需要确立学习目标，目标应切实可行。确立学习目标后就要制订相应的学习计划，一个好的学习计划必须能够明确回答三个问题：做什么？怎么做？何时做？这相应的也就形成了计划的三个基本内容：任务、措施和步骤。

（2）积极实施学习计划。合理安排学习时间，按时落实学习任务；利用各种资源，如老师、同学、同事、互联网等提高学习效率；灵活调整学习计划。

（3）采用科学的学习方法。爱因斯坦曾写下一个成功方程式：X+Y+Z=W。其中，X 代表勤奋劳动，Y 代表正确的方法，Z 代表少说空话，W 代表成功。这个方程式得到人们的普遍赞同。科学的方法有利于提高我们的学习能力和创新能力。学习的方法很多，并且因人而异，因此，我们要找到适合自身的学习方法，掌握这些方法，并运用到日常学习和创新活动中。

（4）对学习效果进行正确的反馈与评估。正确对学习效果进行反馈和评估时，要注意以下几点：对学习过程和学习结果进行科学、客观的评价；查找原因，改进学习；运用学习成果，主动迁移，达到事半功倍的效果。

三、提高创新能力的方法

（一）在不相干的事物之间建立联系

例如：说一个词“打印机”，然后随便说一个词“鼻子”。把打印机和鼻子联系在一起，创造一个新东西。有人可能会说，能不能发明一个用鼻子做开关的打印机，这就是一种创新；还有人说，能不能在打印机的墨盒里加一点儿味道，不同颜色的墨盒对应不同的味道。如果你闻到苹果味儿，说明绿色的墨盒没墨了；如果你闻到橘子味儿，说明橙色的墨盒没墨了。当把两个完全不同的东西联系起来的时候，新的创新可能就出现了。

（二）头脑风暴

首先，参与者要做好准备。每个人都会有很多想法，然后在不受别人干扰的情况下，把想法一个一个地说出来。表达过程中要特别注意，绝对不允许批评和讨论。例如：进行头脑风暴时，有人提出了一个主意，马上就会有人说“这个主意好像不太行，这个主意的成本太高了”，之后大家开始讨论，结果浪费了一下午的时间，可能连一个主意都没讨论完。

另一种可能是，要开一个头脑风暴会，结果现场特别沉闷，大家都不说话。因为领导太严肃了，对每个观点都要评价几句，让大家的积极性很受挫。事实上，有些主意即使听起来不靠谱，但背后可能有很好的创意思路。更重要的是，就算真的有人提出了一个坏主意，头脑风暴时参与者也不要评论它，因为一旦开始讨论和评论，大家可能就不愿意分享更多的新创意。

（三）营造一个有创意的环境

一个办公室有没有创新的氛围，一进去就能感觉得到。例如：在那种格子间的大办公室中，员工都在自己的小格子间工作，人和人之间交流较少，创新性就会差很多。把隔板去掉后，员工之间的沟通与交流增多，员工的创造力就会被激发出来。当个体在和他人一起工作时，创新性肯定比一个人坐在格子间里多很多。这就是为什么一个人的想法再多，也不如来一次头脑风暴的原因。独特的办公环境设计能激发员工的创意。例如，一家设计公司在办公区域设置了一个创意角，供员工放置自己设计的设计作品和灵感来源，激发彼此间的创造力。

（四）有意识地培养逆向思维能力

如果把传统观念、常规经验、权威言论当作金科玉律，常常会阻碍我们创新思维活动的展开。因此，面对新的问题或长期解决不了的问题，我们应避免习惯于沿着前辈或自己长久形成的、固有的思路思考问题，而应从相反的方向寻找解决问题的办法。吸尘器的发明就是逆向思维的结果。1900 年，一个贸易展上举行了一次“除尘器”示范表演。“除尘器”的工作原理就是用风把灰尘吹走，所以当时现场的许多观众都被吹得满身都是灰尘。人们乘兴而来，却败兴而归。英国工程师布斯心想：吹尘看来不行，能不能换个办法。把吹尘改为吸尘呢？布斯回到家之后，用手帕蒙住自己的嘴和鼻子，趴在地上用嘴使劲吸气，结果灰尘不再到处飞扬，而被吸附在手帕上。经过多次实验，布斯制成了吸尘器。

逆向思维极其重要，它是促进创造性思维和成功的关键。与传统思维模式相比，逆向思维在解决问题方面更加创新和灵活，具有重要的应用价值和市场潜力。对于那些寻求多样化、新颖和高效解决方案的人或组织，逆向思维是必备的工具。

活动体验

活动一：游戏——大比拼

活动目的：

让学生认识到学习方法的重要性。

活动方式：

分组进行。

活动内容：

每组利用 5 分钟时间记忆一个由老师准备的小故事，每组派一名代表上台默写。

活动规则：

每提到一个故事中的人、时、事、地、物，就得一分。

（1）经过刚才的比赛，你是否发现哪些点不太容易记住？

（2）那些不容易记住的是因为什么而记不住（如不专心）？

（3）你有哪些更好的方法可以完成任务？

（1）怎么才能确保“龙头”的位置？

（2）在职场中怎么才能适应不断变化的工作环境和工作内容？

总结分享：

（1）经过刚才的比赛，你是否发现哪些点不太容易记住？

（2）那些不容易记住的是因为什么而记不住（如不专心）？

（3）你有哪些更好的方法可以完成任务？

活动二：游戏——创新龙头

活动目的：

通过有趣的活动体会创新的重要性。

活动方式：

游戏以 8 ～ 12 人的小组为单位，推选一人当龙头，其他人排在他后面，成一路纵队。

活动过程：

（1）游戏开始，播放音乐，“龙头”按节奏踮步前进，其他人尾随。

（2）“龙头”做各种各样引人发笑的动作，如鸭子步、扮演孙悟空或猪八戒，或者做出冲锋、投弹、游泳、滑冰、开摩托车等动作。一旦“龙头”想不出新动作，重复已做过的动作或者长时间地不变化，即为淘汰，要另外推选一人当“龙头”，游戏重新开始。

总结分享：

（1）怎么才能确保“龙头”的位置？

（2）在职场中怎么才能适应不断变化的工作环境和工作内容？

自我评估

学习能力与创新能力测试

1. 学习能力测试

本测试可用来测试你的学习能力。本测试由 20 道题组成，每个题目只有一个正确答案，请选择最符合自己实际状况的答案，然后填写在题后的括号内。

可选择的答案如下：

A. 非常符合　　B. 有点符合　　C. 无法确定　　D. 不太确定　　E. 很不确定

（1）我习惯记下阅读中的不懂之处。（　　）

（2）我经常阅读与现在专业无关的书籍。（　　）

（3）在观察或思考时，我会多角度培养我的思维。 （ ）
（4）我在做笔记时，会把材料归纳成条文或图表，以便于理解。 （ ）
（5）听人讲解问题时，我会眼睛注视着讲解者。 （ ）
（6）我注意归纳并写出学习中的要点。 （ ）
（7）我善于运用较新的手段解决问题。 （ ）
（8）我不喜欢一成不变的生活方式。 （ ）
（9）我经常查阅字典、手册等工具书。 （ ）
（10）认为重要的内容，需要格外记住的地方，我会画上线或做记号。 （ ）
（11）我善于吸取别人好的学习方法。 （ ）
（12）我对需要牢记的公式、定理等关键部分会反复记忆。 （ ）
（13）我喜欢观察实物或参考有关资料进行学习。 （ ）
（14）我能够制订切实可行的学习计划。 （ ）
（15）我喜欢了解自己不知道的东西。 （ ）
（16）遇到自己不知道的事情，我能够主动请教他人。 （ ）
（17）我能够较快地掌握新的学习方法。 （ ）
（18）认为重要的内容，我格外注意听讲和理解。 （ ）
（19）阅读中若有不懂的地方，我非弄懂不可。 （ ）
（20）我会联系其他学科内容进行学习。 （ ）

评估标准及结果分析：

选择答案 A 得 5 分，选择答案 B 得 4 分，选择答案 C 得 3 分，选择答案 D 得 2 分，选择答案 E 得 1 分。得分在 20 ～ 40 分：学习能力较差；41 ～ 60 分：学习能力一般；61 ～ 80 分：学习能力良好；81 ～ 100 分：学习能力优秀。

2. 创新能力测试

下面 20 个问题，如果符合你的实际情况，在括号内打上“√”，不符合的打“×”。

（1）听别人说话时，我总能专心倾听。 （ ）
（2）完成了上级布置的某项工作，我总有一种兴奋感。 （ ）
（3）我观察事物向来很仔细。 （ ）
（4）我在说话以及写文章时经常采用类比的方法。 （ ）
（5）我总能全神贯注地读书、写字或者绘画。 （ ）
（6）我从来不迷信权威。 （ ）
（7）对事物的各种原因我喜欢刨根问底。 （ ）
（8）我平时喜欢学习或琢磨问题。 （ ）
（9）我经常思考事物的新答案和新结果。 （ ）
（10）我能够经常从别人的谈话中发现问题。 （ ）
（11）从事带有创造性的工作时，我经常忘记时间。 （ ）
（12）我能够主动发现问题，以及和问题有关的各种联系。 （ ）
（13）我总是对周围的事物保持好奇心。 （ ）

（14）我能够经常预测事情的结果，并正确地验证这一结果。（　　）

（15）我总是有些新设想在脑子里涌现。（　　）

（16）我有很敏感的观察力和提出问题的能力。（　　）

（17）遇到困难和挫折时，我从不气馁。（　　）

（18）在工作遇到困难时，我常能采用自己独特的方法去解决。（　　）

（19）在问题解决过程中有了新发现时，我总会感到十分兴奋。（　　）

（20）遇到问题时，我能从多方面、多途径探索解决它的可能性。（　　）

评估标准及结果分析：

如果 20 道题都是打“√”的，则证明创新能力很强；如果有 16 ～ 19 道题是打“√”的，则证明创新能力良好；如果有 10 ～ 15 题答案是打“√”的，则证明创新能力一般；如果低于 10 道题答案是打“√”的，则证明创新能力有限。

项目实训

实训主题：《奋斗路上》。

实训形式： 完成文创工作室创业路演PPT，发布帮扶计划微电影。

实训要求：

1. 结合项目一至项目十的学习经历，以文创工作室为创业形态，制作路演PPT。

2. 拍摄、剪辑、制作《奋斗路上》微电影作为文创工作室的实习作品，面向全班模拟创业路演并发布微电影作品。

3. 实训要求与注意事项：

（1）使用产品销售获得的利润，实施项目一的帮扶计划，并对帮扶计划进行全程拍摄。

（2）汇总项目一至项目九“项目实训”中拍摄的影音素材。

（3）应用项目九“项目实训”中获得的视频后期制作技能，对所有素材进行编辑，完成《奋斗路上》微电影、路演PPT和微电影作为学期考核作品进行展示。

培 | 根 | 铸 | 魂

在被誉为“新中国第一店”的北京市百货大楼前，一座半身铜像静静伫立。铜像塑造的是一位普通售货员——张秉贵。1955 年，36 岁的张秉贵来到这里。为了更好服务顾客，他苦练售货技术和心算，练就了令人称奇的“一抓准”和“一口清”技艺，不管顾客要几斤几两商品，他一把就能抓准分量，在商品称好、包好的同时，价钱也就心算出来了，分毫不差。30 多年里，他接待顾客近 400 万人次，没跟人红过一次脸、吵过一次嘴，被称赞为“燕京第九景”。

干一行，就要爱一行。习近平总书记于 2014 年 5 月 4 日在北京大学师生座谈会上发表讲话时指出：“心浮气躁，朝三暮四，学一门丢一门，干一行弃一行，无论为学还是创业，都是最忌讳的。”掏粪工人时传祥、公交车售票员李素丽、水电工人徐虎、邮递员王顺友……无数个平凡岗位上干出来的劳动模范，传递着鲜明的价值导向：劳动没有高低贵贱之分，一切劳动，无论是体力劳动还是脑力劳动，都值得尊重和鼓励。爱岗敬业，是干好工作的重要前提，是一个人应有的职业操守，也是社会主义核心价值观的基本要求。一切劳动者，只要立足岗位和本职工作，兢兢业业把工作做好，就能在劳动中发现广阔的天地，在劳动中体现价值、展现风采、感受快乐。

“干就干一流，争就争第一”，是许振超的座右铭。1984 年，许振超成为青岛港集装箱公司第一批桥吊司机。靠着对岗位的热爱和刻苦钻研，他练就了“一钩准”“一钩净”“无声响操作”等绝活儿，带领团队先后多次刷新集装箱装卸世界纪录，创造了享誉全球的“振超效率”。铁路工人巨晓林只有高中学历，却凭借数十年如一日的专注和努力，记下近 300 万字施工笔记，研发和革新工艺工法百余项，从一名连图纸都看不懂的农民工成长为中国顶尖高铁施工建设专家。他编撰的《接触网施工经验和方法》成为铁路施工一线“宝典”。

干一行，就要钻一行、精一行。习近平总书记于 2016 年 4 月 26 日在知识分子、劳动模范、青年代表座谈会上发表讲话时指出：“无论从事什么劳动，都要干一行、爱一行、钻一行。在工厂车间，就要弘扬‘工匠精神’，精心打磨每一个零部件，生产优质的产品。在田间地头，就要精心耕作，努力赢得丰收。在商场店铺，就要笑迎天下客，童叟无欺，提供优质的服务。”三百六十行，行行出状元。要想成为行家里手，就不能“当一天和尚撞一天钟”，不能有得过且过、凑合应付的思想。只有沉下心来干工作，心无旁骛钻业务，才能练就一身真本领，掌握一手好技术，在平凡岗位上干出不平凡的业绩。当今世界，综合国力的竞争归根到底是人才的竞争、劳动者素质的竞争。广大劳动者只有精益求精、追求卓越，把“敬业”上升为“精业”，才能更好适应事业发展需要。

“心心在一艺，其艺必工；心心在一职，其职必举。”全面建设社会主义现代化国家新的伟大征程上，每一位劳动者都不可或缺，每一份事业都有宽广舞台。新时代的奋斗者，应以“择一事终一生”的执着专注，“干一行钻一行”的精益求精，一步一个脚印，一点一滴努力，立足岗位成长成才。“百职如是，各举其业”，定能汇聚成无往不至的磅礴力量，将党和人民的事业不断推向前进。

资料来源：求是网评论员．干一行、爱一行、钻一行．求是网，2022-05-02.

参考文献

[1]《党的二十大报告辅导读本》编写组 . 党的二十大报告辅导读本 [M]. 北京：人民出版社，2022.
[2] 新华通讯社 . 学习贯彻党的二十大精神述评 [M]. 北京：新华出版社，2023.
[3] 付守永 . 工匠精神行动笔记 [M]. 北京：中华工商联合出版社，2023.
[4] 许湘岳，吴强 . 自我管理教程 [M]. 北京：人民出版社，2011.
[5] 张俊英 . 做合格的职业人 [M]. 北京：电子工业出版社，2010.
[6] 刘兰明 . 职业基本素养 [M]. 4 版 . 北京：高等教育出版社，2019.
[7] 金晶 . 高职院校素质教育教程 [M]. 北京：北京理工大学出版社，2013.
[8] 吴朝辉，赵淑芬 . 职业素养训练 [M]. 北京：中国水利水电出版社，2016.
[9] 吕国荣 . 一流员工的十大职业素养 [M]. 北京：中国纺织出版社，2014.
[10] 管小青 . 职业素养入门与提升 [M]. 北京：电子工业出版社，2021.
[11] 吴浩 . 新时代的敬业精神 [M]. 北京：中华工商联合出版社，2018.
[12] 李淑玲 . 工匠精神：敬业兴企，匠心筑梦 [M]. 北京：企业管理出版社，2016.
[13] 人力资源和社会保障部教材办公室 . 大国工匠 [M]. 北京：中国劳动社会保障出版社，2018.
[14] 阳志平，彭华军 . 积极心理学：团体活动课操作指南 [M]. 2 版 . 北京：机械工业出版社，2016.
[15] 脱不花 . 沟通的方法 [M]. 北京：新星出版社，2021.
[16] 丹·艾瑞里 . 怪诞行为学：可预测的非理性 [M]. 赵德亮，等译 . 北京：中信出版社，2017.
[17] 麦克·P 尼可斯 . 好好说话第一步：学会倾听 [M]. 北京：文化发展出版社，2018.
[18] 马歇尔·卢森堡 . 非暴力沟通 [M]. 刘轶，译 . 北京：华夏出版社，2021.
[19] 刘治宏，等 . 企业现场管理实务 [M]. 4 版 . 北京：中国人民大学出版社，2022.
[20] 李纯青，等 . 职业素养开发与训练 [M]. 2 版 . 北京：清华大学出版社，2022.

[21] 汪达 . 浅析质量意识缺失存在的风险 [J]. 机电信息，2013（29）.
[22] 张红 . 刘川：高质量的守望者 [J]. 混凝土世界 . 2014（5）.
[23] 王厚明 . 最是细行见品格：伟人的工作细节 [J]. 政工学刊 . 2021（8）.
[24] 沈尧兴 ."7S"管理在车工实训中的实践 [J]. 中等职业教育，2011（5）.
[25] 李亚 . 大学生团队意识培育探索 [J]. 大学，2021（10）.
[26] 王晨冉 . 大学生团队精神与人格特质的相关性研究 [J]. 现代交际，2020（7）.
[27] 郭丁豪，温谦，江雨濛 . 共生视角下大学生团队合作绩效影响因素研究 [J]. 经营与管理，2020（8）.